MÉMOIRE

SUR

LA QUALITÉ

ET SUR L'EMPLOI

DES ENGRAIS.

Par M. DE MASSAC.

Arida tantùm
Ne ſaturare fimo pingui pudeat ſola, neve
Effœtos cinerem immundum jactare per agros.
Virg. Georg. Liv. I.

A PARIS,
Chez GANEAU, rue Saint-Severin, près l'Egliſe, aux Armes de Dombes & à Saint-Louis.

M. DCC. LXVII.
AVEC APPROBATION ET PERMISSION.

AVERTISSEMENT.

Je n'ai cherché qu'à me me rendre utile aux Paysans cultivateurs en publiant cet Ouvrage. On n'y trouvera pas tous les raisonnemens physiques dont il étoit naturellement susceptible. Ces raisonnemens n'auroient fait qu'embrouiller une matière qui ne sçauroit être rendue, je pense, vû l'objet principal que je me propoſe, avec trop de préciſion & de clarté.

N. B Ceux qui feront des obſervations utiles ſur cet ouvrage, ſont priés d'avoir la bonté de les rendre publiques par la voie de la *Gazette du Commerce, de l'Agriculture & des Finances*, en les adreſſant ſous l'enveloppe de M. le Contrôleur Général, à M. de Grace, Auteur de ladite Gazette.

On profitera avec reconnoiſſance de ces Obſervations, pour donner à ce Mémoire toute la perfection & l'exactitude poſſibles.

MEMOIRE

MEMOIRE

Sur la qualité & ſur l'emploi des Engrais.

PREMIERE PARTIE.

LA terre a beſoin d'être fécondée & nourrie elle-même pour nourrir les plantes & les arbres qui naiſſent dans ſon ſein. Elle n'eſt, pour ainſi dire, que la matrice où germent & croiſſent les différens végétaux. Cet accroiſſement ne peut ſe faire ſans le concours des nourritures artificielles, avec les parties nutritives destinées à cet effet par l'auteur de la Nature. Celles-là que nous nous procurons par les fumiers ou les engrais, ne servent pas seulement à suppléer ou à augmenter la vertu de celles-ci : elles ont encore la propriété de bonifier les terres presque stériles, & d'accélérer l'accroissement des plantes.

L'Engrais après le labour, est donc le nerf le plus précieux de l'agriculture. Le grand art consiste à proportionner la qualité & la quantité des Engrais aux terroirs qu'on veut ensemencer.

C'est au défaut de ce mélange proportionnel qu'on peut communément attribuer la médiocrité des récoltes dans certains pays, où les meilleurs fonds ne produisent en froment que trois ou quatre pour un,

& en ſeigle cinq pour un, ſemence déduite, tandis qu'ils devroient produire depuis dix juſqu'à quinze & vingt pour un.

Ce vice de reproduction ne peut venir que de l'habitude où l'on eſt de ſuivre une routine aveugle dans l'amélioration des terres, ou du peu de connoiſſance qu'on a des amendemens que l'art peut nous procurer au défaut d'Engrais ordinaires. Je parlerai dans ce Mémoire de l'emploi de ces Engrais artificiels; mais ce ne ſera qu'après en avoir développé la nature & les qualités. Je les diſtribue en quatre claſſes qui fourniront la matière de quatre Chapitres. Dans le premier je traiterai de ceux qu'on tire du regne animal; dans le ſecond, de ceux que fournit le regne végétal; dans le troiſieme, de ceux qu'on doit au regne minéral ; dans le quatrieme, de ceux qui ne proviennent d'aucun de ces trois regnes.

Au reste, les méthodes que j'indique ne sont point le résultat d'une simple théorie. Elles ont été scrupuleusement expérimentées ou par moi-même, ou sous mes yeux, ou par des personnes dignes de foi que je me suis fait un devoir de consulter sur un objet si important (1).

(1) Il n'étoit guères possible qu'une seule personne fît elle même toutes les expériences rapportées dans ce Mémoire. Il a donc fallu nécessairement s'adresser pour les avoir à des personnes non suspectes du côté de l'exactitude. C'est le parti que j'ai pris. Je n'ai même cité qu'un petit nombre de ceux qui m'ont fait part de leurs lumières, pour ne pas grossir inutilement cet Ouvrage.

CHAPITRE Ier.

Des Engrais provenans du regne animal.

COMME ces Engrais ſont en grand nombre, pour éviter la confuſion, je diſtribuerai ce Chapitre en pluſieurs Articles. Je ſuivrai la même méthode dans les Chapitres ſuivans.

ARTICLE I.

Des Fientes des chevaux.

C'EST mal à propos qu'un Auteur moderne prétend qu'il y a peu de différence entre les fientes du cheval, du mulet & l'âne. On y en remarque une très-grande, ſurtout quand ils ne ſont pas nourris à peu-près de la même manière. Perſonne ne doute que la différence qui ſe trouve entre les fumiers de tous les animaux ne ſoit en *partie* (1) l'effet de leur différente nourriture. Plus la nourriture eſt forte, toutes choſes égales d'ailleurs, plus le fumier eſt riche & ſpiritueux.

Les chevaux ſe nourriſſent tous de végétaux, cependant il y a bien de la différence entre leurs fumiers lorſqu'ils mangent l'herbe verte & humide dans les pâturages, & lorſque le foin, la paille & l'avoine leur ſervent de nourriture dans l'écurie. Les premiers ont beaucoup

(1) Je dis en *partie*, parce que l'élaboration qui ſe fait dans l'eſtomac & les autres viſceres des animaux, eſt auſſi, je penſe, la cauſe du plus ou du moins d'activité de leurs fumiers.

moins d'efficacité que les seconds.

Le fumier de cheval pur & sans mêlange, qui n'est que la crote pure du cheval, n'a qu'une chaleur modérée ; la crotte ramassée dans les chemins est très fertile, quoiqu'elle ait peu de chaleur, & le fumier qui a fermenté avec de la paille & de l'urine, est le plus chaud de tous.

Il y a encore une très-grande différence entre le fumier de l'écurie qui est en fermentation, & celui qui a déjà fermenté & qui est bien pourri (5). Le premier est beau-

(5) La connoissance des différens degrés d'extinction que l'on doit donner aux fumiers, est comme la pierre de touche de la bonne agriculture. Sans elle, comment adapter les engrais aux différens sols, relativement aux divers climats ? & ne feroit-il pas absurde de répandre indistinctement le même fumier sur des sols secs & sur des sols humides, & de donner une égale quantité d'un même fumier à deux sols de même

coup plus actif, & par conséquent on doit l'employer avec plus d'épargne & d'économie. Il est même nécessaire de dire en passant, que s'il est trop imbibé d'urine récente, il est dangereux de s'en servir. Au contraire, lorsqu'il est desséché & que les parties spiritueuses de l'urine sont évaporés, il procure des récoltes abondantes, en favorisant la végétation.

ARTICLE II.

Des Fientes des bêtes à corne.

LES Fientes des bœufs, des vaches, des veaux sont grasses & rafraîchissantes ; elles contiennent

nature dans un pays chaud & dans un pays froid. Cela produiroit nécessairement un mauvais effet ?

beaucoup de ſels acides ou aigres. Ces ſels tiennent toujours la nourriture en bon état, rafraîchiſſent les terres, comme diſent les Payſans, conſolident les parties ſableuſes, & communiquent à propos la nourriture aux plantes, en leur fourniſſant des ſucs abondans qui les défendent des grandes chaleurs.

ARTICLE III.

Des Fientes de cochon.

LA ſtercoration des cochons eſt très-active, elle s'évapore facilement.

Pluſieurs perſonnes ont obſervé que le fumier de cochon ne produit point d'herbe, & qu'il fait même périr celles qui ſont dans le champ où on le répand (4). Cependant les Anglois font paître les cochons dans les terreins les plus pauvres, & les y laissent jour & nuit pour les améliorer. Je laisse à d'autres à discuter pourquoi la même cause produit des effets tout contraires. Je ne dois point sortir de mon sujet, & je dirai seulement qu'il est essentiel d'étudier les climats & la nature des terreins.

Pour rendre le fumier de cochon moins actif & plus abondant (5), on compose leur litière de pailles,

(4) Le sieur Lavergne, Bourgeois de Saint-Xantin de Malemort près Brive, & bon Agriculteur, m'a assuré ce fait, pour l'avoir éprouvé souvent.

(5) Le sieur Lavergne, dont j'ai parlé dans la note précédente, a observé avec plusieurs autres Cultivateurs, que la paille qui est pourrie sous les bestiaux, rend en fumier un poids triple de celui qu'elle avoit auparavant ; qu'ainsi une charretée de paille du poids de quinze à

de cosses de feves & de pois, d'herbes mortes & desséchées, & on a l'attention de faire remuer de tems en tems cette litiere, afin que le mêlange se fasse mieux. Il est des endroits où l'on couvre le sol de l'étable de craye, de sable, de terre, ou enfin de la matière qui convient le plus au terrain que l'on veut engraisser. Ce mêlange, dont on peut se servir quinze jours après, enrichi par le fumier, l'urine, & par la transpiration du cochon, est un des meilleurs Engrais. Pourquoi donc

seize quintaux, donne communément trois charretées de fumier du même poids; mais que pour avoir une charretée de fumier de cochon du poids de quinze à seize quintaux, il faut employer trois charretées de paille du même poids. La raison de cette différence vient sans doute de ce que les cochons en se vautrant sur la paille, la triturent à un point considérable, & que l'ardeur de leurs fientes & de leurs urines en brule une partie.

n'eſt-il pas mis généralement en uſage ?

ARTICLE IV.

Des Fientes des brebis.

LES Fientes des brebis ſont préférables preſque à toutes les autres ; les effets qu'elles produiſent dépendent des différentes quantités d'huiles & de ſels volatils qu'elles contiennent, & ces huiles & ces ſels dépendent eux-mêmes des différentes nourritures de ces animaux, du tems qu'elles ſéjournent dans leurs inteſtins, de la nature des ſucs qui s'y mêlent avec les alimens, enfin de la chaleur naturelle de leur corps.

La fiente des brebis & des moutons eſt propre à abſorber l'humidité, à diſſoudre les parties trop comprimées de la terre argileuſe, à ouvrir les pores de cette terre, & à donner paſſage à l'eau qui l'imbibe ordinairement.

ARTICLE V.

Des Fientes des pigeons.

L'EFFICACITÉ de la fiente de pigeon eſt vantée par tous les Auteurs qui ont écrit ſur cette matière Elle eſt très-eſtimée des Cultivateurs. C'eſt le fumier le plus fort (6); on y

(6) C'eſt pour cette raiſon qu'il en faut moins que de tout autre, & qu'on doit l'employer principalement dans les terres froides & gluantes. Comme il eſt difficile & même couteux de s'en procurer une grande quantité, on peut l'augmenter ſans altérer conſidérablement ſa vertu, il ne s'agit pour cela que de couvrir le ſol du colombier d'une fine terre noire,

trouve plus de ſels alkalis que dans tous les autres. Sa ſuperficie eſt ordinairement couverte d'un ſel blanc qui a une odeur auſſi forte que le ſel volatil de corne de cerf ; & ſi l'on ſent ſes yeux mouillés après qu'on eſt entré dans un pigeonnier, ce ſont les ſels alkalis, âcres ou picotans qui y voltigent.

La vertu de cet Engrais eſt telle, que ſi l'on en met environ une jointée autour d'un cep de vigne vieux

molle & bien réduite en poudre, à la profondeur de deux ou trois pouces. Trois ou quatre mois après on retire cette terre, qui ayant été mêlée avec les crottes des pigeons & les balayeures des murs du colombier, fait un engrais qui a une efficacité étonnante. Quoi! dira-t-on, peut-être, porter de la terre dans un colombier qui eſt ordinairement fort élevé? Cette pratique comporte au moins un air de ridicule. Elle ne peut être ainſi qualifiée que par des gens qui voudroient être riches, ſans ſe donner des ſoins ou prendre de la peine.

& languiſſant, ce cep reprend de la vigueur, porte beaucoup de fruit, pouſſe des ſarmens plus beaux & des feuilles plus vertes pendant trois ans. C'eſt ce que j'ai éprouvé.

ARTICLE VI.

Des Fientes des volailles.

LES Fientes de toute ſorte de volaille ſont très-riches, & ont à peu de choſe près les mêmes qualités. C'eſt un préjugé de regarder avec indifférence les fientes des oies, des paons, des canards, &c. Elles ont des propriétés uniques pour former un Engrais fertile.

Le fumier de poule a preſque le même degré de chaleur, que celui du pigeon. On le mêle avec une égale quantité de terre fine, molle, qui sert à le rompre & à le diviser.

Quelquefois au lieu de terre molle, on fait le mélange avec des cendres & du sable selon que l'exigent la qualité du sol & le climat.

La sciure de bois, qui est très-bonne pour les pâturages, mêlée avec une égale quantité de terre molle & de fiente de poule, forme un Engrais très-friable, assez leger & fort actif lorsqu'on la répand dans le sol d'un volailler, après qu'elle a été à demi consommée à l'air. On peut dire à peu-près la même chose de la teillure de lin & de chanvre.

ARTICLE VII.

De la Stercocation des hommes.

COMME les hommes tirent une grande partie de leur nourriture du regne animal, leurs excrémens doivent être un riche engrais. D'ailleurs les liqueurs qu'ils boivent & dont une partie se mêle avec les excrémens, doivent leur communiquer cette disposition que nous leur voyons à la fermentation. Les Cultivateurs de la Flandre & de Languedoc sont fort attentifs à se servir de cet engrais. L'expérience leur en a fait connoître tout le prix.

Comme l'évaporation qui se fait en le remuant n'est point salubre, & qu'une longue extinction peut obvier à cet inconvénient, il faut d'abord quand on l'expose au soleil, y jetter des matières absorbantes, par exemple, la sciure de bois, les feuilles des arbres & les petites branches pourries, les cendres qui ont servi à la lescive. On fait ensorte que les pluies & le soleil le pénètrent facilement. Quand il a acquis par ce moyen le degré d'extinction nécessaire, ce qui se fait connoître par la diminution de son odeur, il est bon de le mêler avec une grande quantité de terre molle, ou douce, avant que de le répandre sur la terre qu'on veut engraisser.

Plusieurs expériences prouvent que le mêlange de cet engrais avec de la paille ne réussissoit guères, ou ne réussissoit du moins qu'au bout de quelques années.

ARTICLE VIII.

De l'Urine.

L'URINE des hommes & des animaux a une grande activité. Employée pure & sans mêlange, elle seroit préjudiciable aux plantes; mais bien combinée avec d'autres matières, elle concourt à leur accroissement.

L'urine a cet avantage sur les autres Engrais chauds, qu'elle fermente facilement, & que par la fermentation elle se décompose & change pour ainsi dire de nature.

L'urine fermentée dont les Hollandois font grand usage, est un des meilleurs Engrais, les Cultivateurs la recueillent avec soin. Ils l'emploient quelquefois pure & ſans mêlange après qu'elle a fermenté, ils la font couler de tems en tems ſur leur fumier pour en augmenter la fermentation. Pourquoi ne pas pratiquer en France la même méthode (7).

(7) Il eſt certain que les fumiers qui n'ont pas acquis le degré de putréfaction néceſſaire, & qui ſont déposés en cet état ſur les terres, donnent ſouvent lieu à la production de différens inſectes, qui rongent les tiges naiſſantes des grains, à une quantité de mauvaiſes herbes qui les étouffent, & même aux différentes maladies auxquelles les grains de froment ſont ſujets. Pour remédier à ces inconvéniens, il ne s'agit que de placer le fumier qu'on retire des étables, dans des foſſes dont le fonds ſoit revêtu de terre glaiſe, ou bien pavé, & où l'urine puiſſe ſe rendre. A côté de cette foſſe, il faut en pratiquer au-deſſous une plus petite, où l'eau & les ſucs qui ſont de trop dans la grande foſſe, puiſſent s'écouler, & d'où l'on puiſſe les rejetter ſur le fumier de tems en tems. Cette méthode eſt plus favorable à la putréfaction que celle de placer les tas de fumier ſur des

ARTICLE IX.

Des corps morts, des animaux & de leurs abatis.

LE hasard a fait connoître aux hommes que cet Engrais a une efficacité admirable. Des charognes jettées

pentes, comme le conseille mal-à-propos l'Auteur du Journal Œconomique, car dans ce cas les sucs des fumiers dissous par les pluies, doivent être continuellement emportés. Il est encore essentiel que les fosses de fumier soient à l'ombre, ou du moins environnées d'arbres du côté du Nord & du Midi, parce que le soleil & le vent emportent les sels & les huiles volatiles, & que le trop grand air retarde plutôt la corruption qu'il ne l'accélère. D'ailleurs les matières putréfiées, restant exposées à un air chaud & sec, doivent perdre de leur vertu, & leur volume doit diminuer considérablement. Il suit de ces principes que les fumiers ne doivent pas être gardés longtems après qu'ils ont été suffisamment putréfiées, & qu'il ne faut pas les laisser en petits tas sur la superficie de la dans des champs ont fait voir les principes de fertilité contenus dans le regne animal. On peut donc tirer un avantage bien réel des corps morts des animaux qu'on néglige & qui infectent l'air, tandis qu'ils pourroient féconder la terre. Les abatis des bœufs, des moutons & d'autres animaux, de même que leur ſang, leurs trippes &c. forment un excellent Engrais. Toutes ces matières (8)

terre, ſurtout dans un tems chaud, mais qu'on doit labourer la terre ſi le tems le permet, dès que l'engrais y a été tranſporté malgré l'uſage contraire de quelques Cultivateurs, qui aſſurent je ne ſais trop ſur quel fondement, que le fumier quand il a eté étendu ſar la terre cinq ou ſix ſemaines avant le labour, la fertiliſe beaucoup plus que quand on lui donne un labour auſſi-tôt après que le fumier eſt répandu.

(8) Il en eſt de même des rognures des cuirs des vieux ſouliers, des crains, du poil, de labourre, des cheveux, des ſoies, des laines & des chiffons de toute eſpèce, dont je parlerai plus particulierement dans la ſuite de ce Mémoire.

contiennent une grande quantité de ſubſtances mucilagineuſes & gélatineuſes, diſſolubles dans l'eau, d'une nature ſavonneuſe, & composée, à ce qu'il paroît par les expériences chymiques, de ſels & d'huiles intimement unis, & qui demandent beaucoup d'eau pour être diſſous. Ces ſubſtances ne peuvent donc être que très-propres à la nourriture des plantes.

ARTICLE X.

Des cornes des animaux.

LES anciens croyoient que les cornes des pieds des animaux qui ruminent étoient les ſeules propres aux Engrais. Mais il eſt certain que les cornes de tous les animaux, tant celles de la tête que celles des pieds ſont également bonnes, avec cette différence que celles des jeunes animaux produiſent plus promptement leur effet : l'avantage de cet Engrais eſt très-eſſentiel, puiſque l'expérience prouve qu'il agit efficacement ſur toute ſorte de ſols, pourvu qu'il ſoit employé à propos. C'eſt un de ceux dont les ſels contribuent le plus à la végétation des plantes, ſur-tout dans les terres froides & humides. De ce qu'une trop grande quantité de cet Engrais miſe au pied d'une plante ligneuſe ou herbacée la fait quelquefois périr, on en a conclu qu'il étoit des plus brulans, & qu'il ne convenoit point aux terres ſeches & arides ; mais on éprouvera le contraire, ſi l'on a l'attention de ne répandre les cornes ſur les terres, que quand elles feront feches & réduites en auffi petits morceaux qu'il fera poffible. Après avoir été couvertes par les opérations de la charrue, l'humidité les fait fermenter & diffoudre, ou bien elle les fait fondre au point qu'elles deviennent colantes, vifqueufes ou gluantes, & dès-lors très-capables d'engraiffer un terrein quelconque.

CHAPITRE II.

Des Engrais provenant du regne végétal.

ARTICLE I.

Du Tan.

On appelle *tan brut* l'écorce de chêne réduite en poudre, & l'écorce qui a fervi à la préparation des cuirs fe nomme *tan préparé* ; le premier a beaucoup moins de vertu pour amender les terres ; le fecond a une chaleur très-forte, auffi eft-il employé pour faire des couches dans les ferres chaudes ; d'où on peut conclure qu'il ne peut produire qu'un excellent effet dans les fols froids & humides.

ARTICLE II.

Des balles des grains, des pailles de féves de marais & de la chenevote.

Les balles des grains amoncelées par tas & à demi consommées, forment un très-bon Engrais pour les prés & pour les vignes. Il n'en faut point porter sur les terres à blé; à cause de la graine d'herbes qui demeure mêlée à ces balles.

La paille de feves de marais liée en petites bottes portée au pied des seps languissans, & recouverte d'un peu de terre, y fait un effet merveilleux & qui dure plusieurs années; il en est de même des cosses de ces mêmes feves, ainsi que de celles des feves de haricot; mais peut-être est-il encore plus utile de les faire ſervir de pâture ſeche aux bêtes à laine pendant l'hiver.

Quelques Cultivateurs regardent la chenevote ou la partie ligneuſe du chanvre ou du lin, comme une matiere peu propre à ſervir d'Engrais; elle produit néanmoins de bons effets mêlée par les labours dans les terres compactes ou fortes auxquelles on veut faire produire des plantes dont les principales racines s'étendent horiſontalement; elle ne peut à la vérité engraiſſer la terre, parce que ſes ſucs en ont été extraits par la putréfaction que le chanvre & le lin ont éprouvée lorſqu'on les a rouis; mais elle tient la terre ſoulevée, & y maintient des interſtices dans leſquels les racines ont plus de facilité à s'étendre.

On doit faire usage des Engrais ci-dessus à l'entrée de l'hiver, les pluies & les eaux de neige dont ils sont imprégnés à la longue, les consomment peu à-peu, & préparent leur activité pour le printems suivant.

ARTICLE III.

Du Marc de raisin.

On appelle marc de raisin ce qui reste après l'expression des raisins dont on a tiré le moût. Il faut l'amasser en un tas, afin qu'il s'échauffe & qu'il fermente; ce n'est qu'après l'avoir laissé quelque tems dans cet état, qu'on peut l'employer utilement comme Engrais. Il faut que les esprits sulphureux & les sels dont

dont il eſt rempli, aient eu le tems de s'exhaler en partie, pour qu'il ſoit excellent pour la vigne & pour toutes les terres froides.

S'il étoit bien dépouillé ou ſéparé du pepin, on pourroit l'employer tout frais en le recouvrant de terre autour du ſep. La fermentation qui s'y feroit dans la ſaiſon froide rendroit la terre d'autant plus meuble: elle ſe trouveroit encore imprégnée de ſels volatils qui cherchent à s'évaporer dans la fermentation.

ARTICLE IV.

Des plantes à pivot ou à racines pivotantes.

LES plantes à pivot ſont celles qui pouſſent perpendiculairement dans la terre une grande tige accompagnée de radicules latérales, & les plantes à racines fibreuſes ſe partagent en petits filets ou radicules qui s'étendent dans toutes les directions, mais ſurtout horiſontalement. Celles-ci qui conſiſtent dans tous les grains, tels que le ſeigle, le froment, &c. conſolident la terre, au lieu que les autres parmi leſquelles on range les plantes légumineuſes, telles que les pois, les feves & les navets, les carrottes, les treffles, la luzerne, le ſain-foin, le ray-graſſ, la gaude, &c. l'atténuent extrêmement; parce que leurs racines pivotantes s'enfonçant dans la terre comme des coins, doivent par cette force mécanique, l'ouvrir & la diviſer, par-là elles donnent un libre paſſage à l'air pour y pénétrer plus avant,

& parconſéquent elles favoriſent la production de la nourriture végétale. D'ailleurs ces plantes en couvrant le ſol de leurs feuilles, le tiennent humide, empêchent le ſoleil de le conſolider, & détruiſent les mauvaiſes herbes qui le reſſerroient. Je crois qu'il ſeroit donc bien avantageux de s'écarter quelquefois dans certains pays de l'uſage trop ſuivi de laiſſer en jachère un ou deux ans des terres qui pourroient s'améliorer en rapportant toutes les années de petites récoltes, ou du moins en ſervant de pâturages.

L'effet des racines fibreuſes eſt de lier & de reſſerrer la terre, comme autant de petits cordons; parconſéquent de la rendre ſouvent moins fertile, parce qu'en conſolidant la terre, elles empèchent en partie l'influence de l'air. (On voit bien que ceci eſt reſpectif & ne convient pas également à tous les ſols) il eſt encore bon d'obſerver que les plantes à racines fibreuſes réuſſiſſent mal quand elles ſe ſuccèdent les unes aux autres ; il en eſt autrement des plantes à pivot ; une terre enſemencée en blé deux ou trois années de ſuite ſe condenſe trop, ainſi le changement d'eſpèces améliore les terreins, & le changement du même grain eſt encore ſouvent néceſſaire, ſans quoi il dégénéreroit, parce que la nourriture végétale déjà épuiſée ne ſe trouve plus alors mêlangée dans les proportions convenables. La raiſon phyſique ſe fait ſentir ici d'elle-même.

ARTICLE V.

Des plantes enfouies dans la terre avant leur maturité.

L'AVOINE, l'orge, les feves de marais, le blé noir ou ſarrazin, les lupins & toutes les plantes de la nature de celles-ci produiſent des effets merveilleux pour l'amendement des terres, pourvu qu'on ait ſoin de les bien couvrir par un labour, dès que la fleur commence à paroître. On a remarqué que peu de jours après qu'on a enfoui le blé noir, il eſt aſſez ordinaire de voir tout le terrein chargé d'une vapeur épaiſſe comme des brouillards.

Ces plantes ainſi enfouies ſe conſomment aiſément, & la fermentation de leurs ſucs qui ſont pour l'ordinaire très-abondans, rend les terreins viſqueux & compacts très-faciles à labourer & les engraiſſe conſidérablement. Je ſçai du moins que cela équivaut à une certaine quantité de fumier. Les lupins, ſur-tout, enfouis dans les terres légères & ſabloneuſes, y produiſent le plus grand effet.

ARTICLE VI.

Des branches & des feuilles d'arbres.

LES feuilles d'arbres peuvent devenir Engrais par elles-mêmes, ou mêlées avec le fumier des animaux auxquels on les donne pour litière.

Les feuilles de châtaigner, de noyer, de maronier-d'inde, & même celles de tilleul, miſes en tas d'abord après leur chute & portées de même ſur les pieds de vigne ou d'arbres quelconques, s'y pourriſſent àla longue, & forment un Engrais dont l'effet dure pluſieurs années. Celles de noyer & de châtaigner ſont les meilleures. Avec ces dernieres on ramaſſe auſſi les pelons qui augmentent le volume & ne nuiſent point à la qualité de l'Engrais ; il devient bien plus actif ſi on y mêle un peu de cendre, de chaux, ou de crotin de volaille. On recouvre le tout d'un peu de terre pour empêcher que le vent ne diſſipe les feuilles : on ne forme guère d'Engrais des feuilles de chêne, les payſans du Limouſin ne s'en ſervent pour faire la litière à leurs beſtiaux, qu'au défaut de tout autre moyen, parce qu'ils ont obſervé que les endroits où le vent avoit rassemblé une certaine quantité de ces feuilles, étoient plus stériles.

J'ai dit qu'il falloit ramasser les feuilles d'abord après leur chute, la raison est qu'autrement les pluies ou les gelées leur feroient perdre leurs sels.

Les feuilles des arbres amphibies ou de marais, comme des saules, osiers, &c. font sans doute un bon Engrais, puisque le terrein qui les porte se fertilise de lui-même par la chute de ces feuilles. On ne peut guère les employer, parce qu'il seroit trop difficile de les faire bien sécher & même de les ramasser dans des marais. On peut se servir aisément de celles de châtaigner & de noyer. Si l'on en fait la litiere aux brebis, il ne faut pas y mêler les pelons. Le fumier de ces feuilles eſt bien plutôt éteint & plus facile à répandre que celui qui ſe fait avec la paille, on en fait beaucoup dans le Limouſin, où les châtaigners ſont fort communs. On y eſt auſſi dans l'uſage d'y faire d'amples jonchées de feuilles à la ſortie des étables & dans les cours ſur le paſſage du bétail, ainſi que dans les foſſes qui bordent les chemins. Les égouts & la trituration ſucceſſive forment à la longue d'excellens terreaux de ces ſortes de ramaſſis, on a ſoin de les relever à la fin de l'hiver par tas, afin qu'ils finiſſent de ſe conſommer en s'égoutant. Ces terreaux ſont très-propres pour les terres légères, & ſurtout pour les jardins: les légumes y croiſſent à vue d'œil.

Tout le monde ſait que les copeaux de menuiſerie, les branches de bois quelconque & le bois de vieilles ſouches pourris & conſommés donnent un très-bon terreau. Ce ne peut-être une reſſource que dans les pays où le bois eſt très-commun, ailleurs il en coûteroit trop.

On tire une autre ſorte d'Engrais des élaguemens qui ſe font pendant l'été dans la force des feuilles. Les fagots feuillards portés à demi ſecs ſur les pieds des vignes ou des arbres quelconques qu'on déchauſſe un peu pour cela, & recouverts de la terre du déchauſſement, y produiſent un grand effet qui dure pluſieurs années. Les poſſeſſeurs de bois doivent s'empreſſer d'autant plus de profiter de cette indication dont l'expérience a été faite par M.

Cabanis (9), que le même Obſervateur a prouvé dans un Mémoire donné à ce ſujet, qu'il eſt toujours avantageux pour les arbres d'être élagués pendant l'été.

ARTICLE VII.

Des plantes marines.

SI le ſel, dont je parlerai dans la ſuite, eſt très-efficace pour l'amélioration des terres, l'algue (10)

(9) Le Public eſt auſſi redevable à M. Cabanis de Salagnac, Avocat en Parlement, & membre de la Société royale d'Agriculture de la Généralité de Limoges, au bureau de Brive, de pluſieurs bons Mémoires ſur l'Agriculture, & notamment de l'excellente Diſſertation ſur les vrais principes de la greffe, qui a remporté le prix en 1764 à l'Académie royale des Sciences de Bordeaux.

(10) L'Algue eſt appellée par les uns Goemon, par d'autres Sart, & dans certains pays Varech.

à

a le double avantage d'agir ſur le ſol par ſes ſels alkalis & par les ſels marins dont elle s'imprégne en croiſſant dans la mer, mais les ſeuls habitans des côtes maritimes peuvent en profiter. Elle n'eſt pas la ſeule plante marine bonne pour les terres, ſoit qu'on l'employe dans ſon état naturel, ſoit dans celui de putréfaction. Les différentes eſpèces d'herbes marines, dès qu'elles ſont d'un tiſſu doux & pulpeux, & qu'elles ſe diſſolvent aiſément, ne lui cèdent en rien. Il n'y a point de plantes qui contiennent autant de ſel & d'huile à proportion de leurs parties terreuſes.

CHAPITRE III.

Des Engrais provenans du regne minéral.

ARTICLE I.

Des coquillages & des pierres calcaires.

LES différentes coquilles telles que celles des huitres, des pétoncles, &c. qui sont un composé de parties calcaires ou propres à être mises en chaux vive par le feu, & de parties d'huile animale, rendent après un certain tems la terre fort meuble.

La marne coquillaire, qui n'est proprement qu'un amas de coquilles putréfiées, a la même vertu. Celle-ci qu'on met improprement dans la classe des marnes, est une substance blanche & légère. Elle rend une odeur, & paroît aux yeux composée d'une multitude de petites coquilles. On la trouve ordinairement à un ou deux pieds de profondeur dans les terreins bas qui ont été autrefois submergés. Quand on verse de l'eau sur ce corps, il l'attire & la suce avidement. Il se gonfle comme une éponge & s'amollit ; mais il ne tombe pas en poudre comme la marne. C'est par un effet de cette qualité que toutes les coquilles soit qu'on les jette en terre, déjà pourries, soit qu'elles s'y pourrissent, la rendent si meuble & si spongieuse.

On dissout les pierres calcaires en les mêlant avec des acides, ce mêlange est suivi d'une forte effervescence & de la solution du corps: & de cette union résulte un sel neutre; ce sel neutre est toujours dissoluble dans l'eau, à moins qu'on n'ait fait usage de l'acide de vitriol.

Quand les pierres calcaires ont passé par un feu ardent, elles se convertissent en chaux vive, alors elles attirent les acides beaucoup plus fortement qu'elles ne faisoient auparavant, & peuvent jusqu'à un certain point se dissoudre dans l'eau sans le secours des acides.

La craie qui est un des corps calcaires, divise la terre & l'atténue. Elle y produit des cavités & des crevasses, elle la tient sèche & l'adoucit. La plus douce & la plus onctueuse est la meilleure. Quelques-uns croyent qu'elle épuise extrêmement la terre, mais elle produit un effet tout contraire, pourvu qu'on la mêle avec du fumier.

On ne peut faire usage des coquillages tels qu'on les tire de la mer. Il faut commencer par les rompre à coups de marteau ou de massue. Plus ils sont atténués & divisés, plus ils produisent leur effet, sans cette précaution, ils empêcheroient le blé de croître, & resteroient dans leur entier pendant plusieurs années, sans communiquer leur vertu au sol. Il est bon encore de les calciner au feu pendant quelque tems, cette méthode accélère leur dissolution. Cet Engrais ainsi préparé éxcite de la fermentation dans le sol le plus ferme & le plus gluant, le divise, le ramollit & le fertilise pour plusieurs années; mais au lieu de la petite calcination dont je viens de parler, il faut les réduire en chaux, si le sol est si stérile & si froid qu'on soit obligé de le réchauffer.

ARTICLE II.

De la Chaux.

Il y a plusieurs espèces de chaux (11) suivant les différentes matières qui entrent dans sa composition. On en fait avec de la craie, de la

(11) Ce qui rebute souvent le Cultivateur de l'usage de la chaux, c'est qu'elle est chère & que son effet ne paroît pas être en raison de son prix. Mais une industrie intelligente remédie à cet inconvénient. Il n'est guères de métairie un peu étendue où il ne se trouve de matières propres à être converties en chaux, & ou des Fermiers ne puissent eux-mêmes la bruler, ce qui leur épargneroit beaucoup de dépense : ils seroient d'ailleurs bien dédommagés de celles-ci, s'ils considéroient combien cet engrais est précieux.

marne, des coquillages de mer, du marbre même & de la pierre à chaux proprement dite.

Les deux principales eſpèces ſont celles qui proviennent des pierres à chaux & de la craie. Quoique ces deux eſpèces diffèrent entre elles par leur nature, il n'eſt guère poſſible d'indiquer quelle eſt la meilleure, parce que, priſes ſéparément, l'une eſt plus propre que l'autre à certains ſols.

Pour s'aſſurer que telle ou telle pierre eſt très-propre à faire de la chaux, il ne s'agit que de verſer un peu d'eau forte ſur chaque pierre qu'on veut employer. Si l'eau forte y cauſe un petit bruit & un bouillonnement, c'eſt de la véritable pierre à chaux; mais ſi elle coule comme l'eau ordinaire, ſans produire cet effet, c'eſt une preuve certaine que la pierre ſur laquelle on l'a verſée, ne ſera jamais ou que très difficilement réduite en chaux.

La chaux vive attire puiſſamment, ſoit de l'air, ſoit de la terre, les huiles qu'elle y trouve, les diſſout & les rend propres à ſe mêler avec l'eau : ainſi elle épuiſeroit promptement toutes les parties huileuſes de la terre, ſi les Laboureurs ne prenoient ſoin d'y ſuppléer par le fumier & par les ſubſtances animales. Comme elle réſiſte beaucoup à la putréfaction, il ne faut pas, comme cela arrive quelquefois, la mêler avec des fumiers qui ne ſont pas ſuffiſamment conſommés ou éteints, elle les empêcheroit de ſe pourrir davantage. Quand la putréfaction eſt achevée, ce mêlange produit pluſieurs bons effets,

effets, particulièrement celui de fixer les huiles & d'empêcher qu'elles ne s'évaporent, ainsi la chaux des vieilles maisons qui a perdu une grande partie de sa force, ne doit passer pour meilleure que la chaux vive toute fraîche, que quand la putréfaction des fumiers n'est pas entière (12).

Les effets de la chaux vive sont toujours fort sensibles pendant les trois premières années dans les terres légères; mais ce terme passé,

(12) Autrement ce sentiment seroit contredit par l'expérience des Anglois, qui emploient la chaux, dit *mortimer*, même sur les terres les plus stériles, en sortant du fourneau, & par MM. de la Société royale de Bretagne, qui prescrivent pag. 119 & suiv. de leurs Corps d'observations, de l'employer sans l'éteindre, en se contentant néanmoins de l'exposer à l'air pendant quelques jours par petits tas, & de la recouvrir d'un peu de terre.

ſon opération s'affoiblit, parce que les terres légères étant plus poreuſes, la chaux paſſe promptement à travers, de ſorte qu'en peu d'années on en trouve la plus grande partie ſous terre, à la profondeur de la charrue, ce qui vient de ſa gravité ſpécifique.

Les différentes matières qu'on peut mêler avec la chaux afin d'en tirer de plus grands avantages, ſont le fumier proprement dit, la terre molle, les boues, les balayûres & les cendres. Les expériences qu'on a faites de ce mêlange avec une de ces ſubſtances ou avec toutes enſemble, ont eu un ſuccès étonnant.

ARTICLE III.

De la Marne.

LA Marne (13) est une espèce de terre ou un corps fossile que l'on

(13) La Marne n'est pas à beaucoup près aussi commune que bien des gens le présument, mais aussi elle n'est pas aussi rare que bien d'autres le pensent. On peut se flatter d'en rencontrer dans tous les endroits où l'on trouve des marbres, des pierres à chaux, & en général des matieres calcaires ; il seroit donc de la plus grande utilité que MM. les Intendans procurassent, comme l'ont fait les Etats de Bretagne, une sonde ou tariere de cinquante ou soixante pieds de longueur, à chaque bureau d'Agriculture, & que les membres de ces bureaux fussent chargés d'en faire usage en sondant les terreins à douze, quinze ou vingt pieds, pour trouver de la marne, de la pierre à chaux ou du plâtre. On pourroit aller jusqu'à soixante pieds pour découvrir du charbon de terre, d'autres mines plus riches, & de la terre à foulon, si précieuse aux Anglais, qu'ils

trouve, ſuivant les pays, à plus ou moins de profondeur. Il paroît au toucher onctueux & gras, il reſſemble beaucoup à la terre glaiſeuſe; on le confond ſouvent avec elle, quoiqu'il ait des différences eſſentielles; ſes différentes couleurs ne cauſent preſque aucune différence dans ſes propriétés.

La marne eſt blanche ou griſe, ou verdâtre, &c. On doit préférer la plus graſſe. Celle qui eſt dure & preſque pierreuſe, eſt plus long-tems à faire ſon effet.

Une qualité diſtinctive de la marne eſt, que, quand elle eſt miſe dans l'eau, elle tombe au fond en poudre. Cette propriété caractériſtique vient

en ont défendu l'exportation ſous des peines très-rigoureuſes; elle ne ſe trouve ſouvent qu'à cinquante ou ſoixante pieds.

de ce que ſes parties n'ont qu'une foible adhérence entre elles, de ſorte que l'eau, quoique entrant avec très-peu de force, dans ſes pores, en diviſe les parties. Par-là on la diſtingue ſuffiſamment de toutes les autres terres, & ſurtout de la terre glaiſeuſe, qui n'admet pas l'eau ſi facilement.

Elle fermente avec tous les différens acides, & les détruit même. Cette propriété d'attirer & de détruire les acides, eſt encore une de ſes qualités diſtinctives, ſans laquelle une terre ne ſauroit être regardée comme vraie marne. Cette qualité ainſi que celle de ne pouvoir en faire de la brique, la diſtingue encore de l'argile ou glaiſe. La force du feu altère conſidérablement la marne, elle y perd ſa vertu anti-acide, &

n'eſt plus diſſoluble dans l'eau comme auparavant.

La marne, comme toutes les terres abſorbantes dont ſe ſervent les Chymiſtes pour ſéparer les huiles des autres corps, attire puiſſamment & fixe les huiles qui ſe trouvent dans la terre, qui y ſont tombées avec la neige ou la pluie, & même celles qui flottant dans l'air, touchent à la ſuperficie de la terre.

Il y a un corps très-reſſemblant à la marne en apparence, mais qui en eſt fort différent quant à ſes effets. On le trouve ſouvent dans la même couche que la marne, il eſt d'une couleur plombée & noirâtre : au lieu de fertiliſer la terre, il rend les meilleures même incapables de produire aucune ſorte de végétaux pendant deux ou trois ans, & quelquefois plus long-tems. Un corps ſi pernicieux dans l'agriculture mérite bien d'être entierement dépeint & caractériſé, afin qu'on évite d'en faire uſage. Voici comment s'explique à ce ſujet M. François Hume, célèbre Chymiſte & Médecin Anglois.

„ Ceux qui ont le mieux connu „ la marne, dit-il, ont remarqué „ une différence entre elle & le „ corps dont il s'agit. Ils ont obſervé „ que la marne prend un certain „ poli, quand les ouvriers la tra„ vaillent avec leurs outils, ce que „ le dernier corps ne fait pas. Cette „ qualité ne ſuffit pas pour diſtin„ guer aſſez ces deux corps l'un de „ l'autre. Pour les reconnoitre plus „ ſûrement, qu'on prenne de cette „ mauvaiſe terre, une motte qui „ n'ait pas été long-tems expoſée à

» l'air, on trouvera qu'elle a un » goût tout-à-fait différent de la » marne ; au lieu que la marne a » un goût doux & onctueux, l'au- » tre corps a un goût acide & astrin- » gent : il ressemble à la marne en » ce qu'il tombe en poussière au » fond de l'eau ; mais même alors il » en diffère notablement, en ce qu'il » n'excite aucune fermentation avec » les acides, & qu'il n'en détruit » pas l'acidité ou l'aigreur. Il rend » le sirop de violette ou le papier » bleu rouge, ce qui est l'effet ordi- » naire des acides, au lieu que la » marne comme toutes les terres » absorbantes, alkalines ou âcres, » leur donne une couleur verte, » qualités suffisantes pour apprendre » à distinguer de la marne ce corps » pernicieux, & à l'éviter. »

Il y a des gens qui disent que la marne effritte ou use la terre, qu'elle la force à donner d'amples productions, qu'elle l'appauvrit enfin au point de se refuser à la meilleure culture au bout de douze ou quinze ans. Il est très naturel que les principes de la végétation répandus dans toutes les parties des marnes que l'air pulvérise s'anéantissent par degrés, & viennent enfin au point de ne plus être sensibles. La terre retombe alors dans son premier état. Qu'on la marne de nouveau, on lui donnera une nouvelle vigueur qui peut être renouvellée d'âge en âge sans interruption. Il est certain encore qu'une des excellentes propriétés de la marne est de faire mourir les mauvaises herbes, telles que le genet, le chiendent, l'arrêteboeuf, &c.

ARTICLE IV.

Du Sel.

LE Sel gris se forme par l'exposition de l'eau de la mer au soleil & aux vents, dans des fosses peu profondes, au lieu qu'on ne fait le sel blanc qu'en faisant bouillir l'eau de la mer sur le feu, ce qui cause une évaporation qui ne laisse que la partie saline, pierreuse; par conséquent le sel gris contient plus de principes & convient mieux aux terres de toute espèce. On ne peut employer de substance plus fertilisante sur-tout pour les terres à blé, mais il faut s'en servir avec beaucoup de précaution, & le répandre sur le terrein en même-tems qu'on seme le blé.

Le ſel blanc cependant, ſi commun dans certains pays, n'eſt pas à negliger, quoique le feu en évapore conſidérablement les parties les plus ſpiritueuſes, pouvu qu'on ait ſoin d'en répandre au moins un tiers plus que du gris.

La premiere pluie diſſoût le ſel & le porte dans le cœur du ſol. Le mêlange de la boue ou limon des foſſés remplis d'eau ſalée, avec de la craie molle & de la chaux, forme encore un Engrais puiſſant pour les terres ſtériles. Autre obſervation importante : le ſel qu'on met dans les fumiers ordinaires fait périr les germes des mauvaiſes herbes qui ſont ou dans les excrémens des animaux, ou dans les plantes qu'on a employées en litières. Cette épreuve ſe fait tous les jours en Bretagne.

ARTICLE V.

Des Cendres.

LA différence des Cendres vient des différentes matières dont elles fortent par l'action du feu.

Celles de bois contiennent plus de principes de fertilité que celles de charbon de terre: celles-ci divifent beaucoup mieux un fol. Celles de fougere contiennent beaucoup plus de fel, que celles de tout autre végétal, & font parconféquent fupérieures à celles de genêt, de chaume & des mauvaifes herbes. Ces dernières fe dépouillent facilement de leurs fels par les pluies, & font les plus légères. Il faut donc bruler les matières d'où elles fortent ſur le ſol même, au lieu d'y en apporter les cendres, par-là leur ſel ne peut que tomber ſur le ſol & s'y répandre plus également. Les cendres de tourbe ſont les plus foibles.

Les cendres qui ont ſervi au blanchiſſage du linge ſont ſans ſubſtances & dépouillées de leurs ſels. Elles n'ont tout au plus que la propriété de la pouſſière. Conſidérées comme telles, elles doivent être miſes dans la claſſe des Engrais, parce qu'on peut leur rendre leur principe de fertilité, pour cela il faut répandre les eaux des leſſives ſur ces cendres qu'on met à cet effet dans une foſſe pavée, où dont le fond eſt couvert de glaiſe bien affermie. Cet Engrais devient alors plus puiſſant que les cendres même de bois neuf, par la raiſon que ces eaux ſont chargées de tous les ſels que ces cendres ont dépoſé, & des parties huileuſes de la tranſpiration qui étoient dans le linge leſſivé.

De l'obſervation que je viens de faire que les cendres qui ont ſervi au blanchiſſage du linge, ont perdu toute leur efficacité, il réſulte qu'on doit conſerver les cendres de bois dans un endroit où elles ne puiſſent point recevoir de l'humidité.

Lorſque les cendres ſont nouvelles, on peut les employer ſans mêlange, ou, ſi l'on veut, on les mêle avec toutes ſortes de fumiers incorporés enſemble, parce que diviſant les ſols, elles ouvrent la voie aux fumiers. Celles de charbon de terre doivent être mêlées principalement avec le fumier de cheval & avec la fiente des volailles. Celles de bois avec du fumier de vache ou avec les boues. Les premieres conviennent beaucoup aux sols argileux, les secondes aux sols graveleux.

Les cendres de bois qu'on a eu soin d'humecter souvent avec des urines quelconques, sont surtout très-propres pour les pâturages. Elles augmentent la fertilité & font périr les insectes qui s'attachent aux racines des plantes.

Les cendres de tabac, ainsi que celles d'une infinité d'autres plantes, & surtout des plantes marines sont encore merveilleuses. Elles contiennent beaucoup de sels âcres & picotans. On fait bien à cause de leur grande force de les mêlanger avec les cendres lessivées.

On a expérimenté (14) que pour faire porter à un arbre fruitier du fruit meilleur & plus beau qu'à l'ordinaire, il ne falloit que mettre ſous terre autour du pied de l'arbre environ deux ou trois pouces d'épaiſſeur ſur cinq ou ſix de circonférence, des cendres provenantes d'un arbre de la même eſpèce que celui qu'on veut améliorer. Cet effet peut s'expliquer par la grande analogie qu'il y a entre les ſels de ces cendres & le ſuc nourricier de celui qui en eſt entouré. Cette pratique dédommagera un peu de la perte des arbres que le vent, la foudre, l'o-

(14) M. de Mayjonnade, Directeur du Bureau des Vivres à Paris, & de la Société d'Agriculture de la Généralité de Limoges, m'a aſſuré qu'il avoit fait pluſieurs fois cette épreuve avec ſuccès.

rage

rage ou d'autres causes imprévues font périr trop fréquemment.

ARTICLE VI.

De la Suie.

Des expériences de Chymie prouvent que la suie est un composé de sels alkalis, volatils, d'huile & d'un peu de terre. Ses effets sont très-prompts & se font sentir immédiatement après les premieres pluies.

On distingue trois sortes de suie, qui, pour être différentes à bien des égards, produisent néanmoins à peu-près le même avantage aux Cultivateurs.

La suie de bois est solide & luisante, elle favorise plus certains sols, parce qu'elle est en mottes fermes & dures qui ſeroient très-long-tems à ſe diviſer ſur certaines terres ; mais ſi elle a l'inconvénient de ſe diviſer difficilement, elle a l'avantage de durer long-tems : ſa vertu agit depuis le commencement de la germination juſqu'à la parfaite maturité des plantes.

La ſuie de charbon de terre eſt déliée & d'une couleur morte. Elle s'adapte à plus d'eſpèces de terre que la ſuie de bois ; elle eſt ſi diviſée & pénètre ſi promptement, que quelques jours après qu'il a plu, on n'en apperçoit plus ſur la ſurface d'un ſol qu'on en avoit couvert.

La ſuie de tourbe doit avoir plus d'efficacité que les autres, puiſqu'elle eſt formée de matières bitumeuſes & combuſtibles. Elle eſt plus compacte ; pour l'employer plus utilement, on la fait briser.

CHAPITRE IV.

Des Engrais qui ne proviennent d'aucun des trois regnes.

ARTICLE I.

Du Labour comme Engrais.

Il est de fait que le sol le plus léger s'améliore par le labour ; & l'expérience démontre que plus la terre est exposée à l'air, & plus ses sucs nourriciers sont reparés promptement. Le brisement ou la trituration de la terre par le labourage est donc le principal moyen d'augmenter la nourriture des végétaux. Il suit de-là qu'on ne sauroit trop multiplier les labours (15), & que la terre disposée en sillons devient plus fertile que quand on la laisse toute plate. La raison en est que ces sillons reçoivent mieux les influences de l'air dont les meilleures terres ont continuellement besoin.

Pour amander les terres argileuses, on pourroit (16) former des espèces de murailles en mottes de

(15) Peut-être seroit-ce ici le lieu d'indiquer le choix du tems propre aux labours, les différentes manières de les faire, & les inconvéniens de ceux qui se font à contre-tems; mais comme ces objets fourniroient seuls de quoi remplir une Dissertation très-étendue, j'ai cru devoir me borner à dire quel est l'effet des labours en général,

(16) Je n'entends pas exclure par-là les autres moyens indiqués pour l'amélioration de cette espèce de terre, surtout si on les trouve moins dispendieux.

terre de deux ou trois pieds d'élévation, de façon que l'air passât & repassât entre elles pendant quelques mois. Ces vicissitudes & ces changemens successifs de l'air les pulvériseroient & les rempliroient de nourritures végétales.

La terre n'attend que sa manière d'être prise pour devenir plus fertile. Il y a des sols qui demandent des labours plus profonds, il en est d'autres à qui le défoncement, si la nature du terrein le permet, donne une fécondité surprenante.

Défoncer une terre n'est autre chose que former au bout d'un champ dans toute sa longueur une tranchée de deux ou trois pieds de largeur sur environ autant de profondeur. La terre qu'on en ôte, est transportée à l'autre extrémité du champ : la tranchée ſuivante ſert à combler la première & ainſi des autres. Par cette opération on tire tous les gros cailloux ou toutes les groſſes pierres, & on amène ſur la ſurface une terre nouvelle. Cette pratique a été ſuivie avec ſuccès dans certaines provinces, & récemment dans le Poitou, où l'on ne faiſoit qu'égratigner, pour ainſi dire, une terre qu'on appelle *Rougerieau*, & qu'on regardoit comme naturellement ſtérile. Elle produit aujourd'hui de très-bon froment & d'autres grains.

En donnant pluſieurs façons à la terre, ſurtout par un labour d'été, on fait mourir les mauvaiſes herbes. La raiſon en eſt aſſez ſenſible.

ARTICLE II.

Du mélange ou du rapport des terres.

LA ſtérilité d'un terrein ne peut provenir que de la trop grande quantité de quelqu'une des ſubſtances différentes dont il eſt composé. Il n'eſt aucune de ces ſubſtances qui ne puiſſe ſervir d'Engrais à une autre. Les procédés de la nature nous tiennent ici lieu de leçon & d'exemple. Ses meilleures productions, elle les fait ſortir du mêlange proportionné de différentes matières, qui priſes ſéparément, ſeroient par elles-mêmes ſtériles. Tout l'art du Cultivateur conſiſte donc à imiter la Nature, & à connoître les juſtes proportions des matières dont il veut faire un mêlange utile. Qu'il s'attache à connoître la cause de la stérilité d'un sol. Il connoîtra bien-tôt les amendemens qui lui conviennent. N'est-il pas évident que si la Nature a mêlé suffisamment de la terre argileuse avec un sol sabloneux ou pierreux, celui-ci est plus fertile que s'il étoit purement sabloneux. Un Cultivateur qui possédera un terrein de cette dernière qualité peut donc par son industrie suppléer cette fertilité en faisant ce mêlange. Si peu qu'il réfléchisse, il doit comprendre que l'argile donne de la consistance à ces sortes de sols, qu'elle tempère par sa fraîcheur naturelle l'excessive chaleur du gravier & du sable qui dans les saisons sèches brûle entièrement les récoltes; que la terre argileuse, froide, humide & gluante, te, a besoin d'une certaine quantité de terre crayeuse qui est toujours sèche & légère ; enfin que la méthode de mêlanger des terres qu'on veut amender, avec d'autres d'une qualité différente, en corrigeant ainsi l'une par l'autre, est toujours infaillible ; un des grands Cultivateurs du Royaume (17) n'employe que les mêlanges ou les rapports des terres. Il prétend même que les frais en sont moins considérables. Ce qui est certain, c'est qu'ils durent beaucoup plus que toute autre espèce d'Engrais.

(17) M. le Marquis de Rasin.

ARTICLE III.

De l'Incinération.

L'INCINÉRATION eſt l'art de brûler les mottes de gazon. Pour cela il faut écobuer ou écher le gazon, c'eſt à-dire, lever la ſuperficie du gazon à un ou deux pouces d'épaiſſeur & quelquefois plus, ſuivant la qualité des ſols; car plus un ſol a de ſubſtance, plus les racines du gazon y ſont profondes, & par conſéquent on doit y écobuer plus profondément. Le gazon étant levé par mottes carrées, autant qu'il eſt poſſible, on les met en tas pour les faire ſécher, enſuite on y met le feu pour les réduire en cendres. On répand ces cendres ſur la ſuperficie d'un champ auſſi uniformément qu'il ſe peut, & on les mêle avec le ſol par le ſecours du labour.

Outre l'avantage de fertiliſer la terre, l'incinération faite à propos a encore celui d'épargner la moitié de la ſemence (18).

Ce qui doit faire adopter la méthode de l'incinération ou du brûlis, c'eſt qu'elle convient admirablement aux terres argileuſes, maigres ou mauvaiſes, comme on l'a prouvé par des expériences ſans nombre. Elle ne s'adapte point aux ſols pierreux, graveleux ou crayeux.

L'efficacité du brûlis ne dure à la vérité que trois ans ; mais pour perpétuer la fertilité d'un ſol qu'on a

(18) M. Pelauque, Procureur du Roi à l'élection de Condom, & quelques autres particuliers en ont fait l'expérience depuis peu.

tiré par ce moyen de ſon inaction ; il ſuffit que le Cultivateur, après la première moiſſon, rafraîchiſſe ce ſol avec des Engrais ordinaires, & qu'il continue de le cultiver en ſuivant la méthode qui convient aux bons terreins ; un fumier mêlé de celui de cheval & de celui de vache, entretient très-bien la fertilité de cette ſorte de défrichemens.

ARTICLE IV.

De la roſée, de la neige & de la pluie comme Engrais.

LA roſée contribue beaucoup à fertiliſer la terre ; elle ſe forme de la tranſpiration même de la terre, de celle des végétaux & des animaux dans leur état naturel, & de leurs exhalaisons quand ils sont dans un état de corruption. Elle est composée communément d'huiles & de sels, avec une grande quantité d'eau.

L'eau de pluie, surtout dans le printemps, est composée des mêmes matières qui contiennent, selon l'expérience journalière, des principes très propres à la végétation.

On met encore avec raison la neige au rang des matieres qui engraissent la terre. Indépendamment des parties fécondantes dont elle est composée, elle en entraîne dans sa chute à proportion de son volume, & lorsqu'elle couvre la terre, elle empêche l'évaporation des sucs nutritifs.

L'eau de pluie & de neige ne se corrompt plus promptement que l'eau de source, que parce qu'elle contient plus de parties huileuses.

Article V.

Des boues, des balayûres & des chiffons de toute eſpèce.

Les boues des rues & des chemins & les balayûres des maiſons font un bien infini aux terres. Il eſt aiſé de ſe procurer ces matières, qui après avoir été mêlangées à propos dans les baſſes-cours, parvenues au point de maturité néceſſaire, forment un Engrais excellent pour toutes ſortes de terreins.

Nous inſérons dans cet article les chiffons de toute eſpèce, comme faiſant ordinairement partie des balayûres. On auroit pu les rapporter au genre animal ou au genre végétal, mais ils trouvent ici aſſez naturellement leur place.

J'obſerverai que les plus ſales &
& les plus pourris ſont les plus propres à engraiſſer les terres. Cet Engrais eſt ſi accrédité en Angleterre, qu'il y a des gens qui ne ſont occupés qu'à ramaſſer les chiffons qu'ils gardent en tas dans des caves pour les vendre enſuite aux Laboureurs.

Les chiffons de laine qu'on peut ſe procurer facilement chez les Tailleurs & chez les Chiffoniers, ſont préférables à ceux de toile, puiſqu'il eſt établi que les ſubſtances animales forment des Engrais plus riches que les végétales. D'ailleurs étant pleins d'une humeur huileuſe, ils repouſſent plutôt l'humidité qu'ils ne l'attirent. S'ils ne ſervoient qu'à attirer l'eau, les chiffons de linge feroient autant de bien dans nos terres, ce qu'ils ne font pourtant pas, parcequ'ils ne sont point comme les étoffes de laine, remplis d'un suc mucilagineux, si propre à favoriser la végétation dans toutes sortes de terreins. C'est cette dernière qualité des chiffons de laine qui les fait employer dans les terres crayeuses, quoique naturellement séches, mais parcequ'elles ont besoin d'Engrais contenant des substances mucilagineuses. (19)

ARTICLE VI.

De la vase & du limon.

LA vase des rivières & des étangs & le limon des fossés sont mis au

(19) M. Mortimer a expérimenté que les chiffons trempés & presque pourris dans l'urine procuroient des récoltes abondantes.

rang des corps putréfiés, parce que ces matières sont composées de terre & de parties de végétaux putréfiés. Elles contiennent donc une substance grasse & onctueuse, & parconséquent propre à la fertilisation des terreins secs & maigres. Elles augmenteroient la ténacité des terres visqueuses, & nuiroient aux récoltes.

ARTICLE VII.

Des inondations & de l'eau de source.

QUOIQUE les inondations causent quelquefois des ravages considérables dans les champs, en y transportant du sable pur ou des cailloux; elles contribuent plus souvent à amender les terres, soit que les eaux de pluie y tombent directement, ou quelles y coulent des ruiſſeaux, des rivières ou des terreins plus élevés.

L'eau de ſource eſt encore de quelque utilité, mais elle eſt moins favorable que l'eau des rivières (20), principalement de celles qui paſſent par des pays fertiles, parce que celle-ci eſt remplie des plus ſubtiles parties terreuſes que les pluies ont emporté des bonnes terres. Lorſque les eaux imprégnées de ces parties terreuſes & des ſucs ſavoneux des terres où elles ont coulé, ſéjournent dans les terreins bas, ces parties nutritives tombent au fonds & le fertiliſent, elles dépoſent une vaſe excellente, c'eſt pour cette raiſon

(20) Il faut excepter cependant les ſources chaudes nitreuſés, qui fertiliſent admirablement le terrein ſur lequel elles coulent, il en eſt de cette eſpèce qui forment naturellement des prés excellens à leur ſaillie.

que dans tous les pays les vallées ſont plus fertiles que les terreins élevés, les pluies entraînant toujours des hauteurs une partie des matières végétales qu'elles laiſſent dans les fonds.

Quand les eaux que l'art peut quelquefois employer avec ſuccès dans certains terreins, en obſervant qu'il les faut faire écouler entièrement après quatre ou cinq jours, paſſé leſquels elles ont dépoſé les parties nutritives ; quand ces eaux, dis-je, couvrent une terre argileuſe, & qu'elles y ſéjournent lon-tems, il eſt très-dangereux qu'elles ne reſſerrent trop cette eſpèce de terre, & n'empêchent les plantes d'y pouſſer.

Telles ſont la nature & les qualités de chaque eſpèce d'Engrais :

c'eſt par eux que la terre après avoir été effritée ou épuiſée, parvient encore à un degré de fertilité conſidérable, quand on ſait les bien employer.

Si les Phyſiciens ont découvert que tous les corps organiques tels que ſont ceux des plantes & de tous les végétaux, doivent leur croiſſance à la réception ou application tant des parties deſtinées par l'Auteur de la Nature à les nourrir, que des nourritures artificielles; & que ſans ces parties ils ne croîtroient point; on a démontré d'un autre côté, par une longue expérience, que les fientes des divers animaux & tous les autres Engrais, diffèrent beaucoup quant à la quantité qu'il en faut employer, & quant aux terres où il convient d'en faire usage. Il est donc encore nécessaire de faire connoître la qualité des divers sols, avant que de faire mention des Engrais qui leur conviennent; mais pour ne point me répéter, dès que j'aurai expliqué la nature de chaque terrein, j'indiquerai l'espèce d'Engrais qui lui est le plus analogue, & la manière de l'employer relativement au tempérament & à la qualité du sol qu'on voudra fertiliser. Tel est le point principal, le grand objet, & pour ainsi dire, le centre de l'art de l'agriculture.

SECONDE PARTIE.

IL eſt certain que les terres diffèrent extrêmemnnt les unes des autres. Les Laboureurs en diſtinguent pluſieurs ſortes, mais ne pouſſent-ils pas ces diſtinctions trop loin ? Je me contenterai donc de donner les moyens d'améliorer les principales terres que je vais faire connoître, ſans entrer dans le détail de toutes leurs eſpèces ou ſubdiviſions ; car il n'eſt pas aiſé de fixer le point précis où commence la différence d'un ſol à un autre ; il faudroit pour cela avoir fait ſcrupuleuſement l'analyſe exacte de chaque eſpèce de terre, non-ſeulement d'une province, d'une parroiſſe, mais encore de chaque ferme ou métairie. Je puis même ajoûter que c'eſt une connoiſſance que perſonne ne peut acquérir, ce ſeroit donc inutilement que je voudrois le tenter.

Les différens degrés de mêlange bien ou mal faiſans qui peuvent ſe rencontrer dans les terres, ſont preſque infinis. Ces objets ſont d'ailleurs relatifs à la nature, au climat, aux ſituations & aux expoſitions de celles qu'on veut améliorer. Ces ſituations, & ces expoſitions plus ou moins régulières & favorables, exigent ſans doute plus ou moins de travail & de ſoins, ou plus ou moins de précautions. Il eſt donc impoſſible de donner ſéparément dans ce Mémoire les méthodes analogues & efficaces qu'on pourroit prendre partout avec certitude;

mais après avoir fait connoître les principales eſpèces de terres, il ne ſera pas difficile aux Cultivateurs, ou du moins à ceux qui doivent les diriger, de concilier & de rapprocher les choſes; de voir ſi leurs fonds participent plus ou moins des premières qualités des ſols, ce qui déterminera les proportions dans les quantités d'amendemens ou d'Engrais à leur donner. Je réduis donc à ſept les terres principales, ſavoir:

La bonne terre, ou terre noire.

La terre argileuſe, ou glaiſeuſe.

La terre ſabloneuſe, ou ſableuſe.

La terre pierreuſe, caillouteuſe, ou graveleuſe.

La terre marécageuſe, ou tourbe.

La terre crayeuſe.

Et la terre tufière, ou le tuf.

CHAPITRE

CHAPITRE I.er

De la bonne terre.

La bonne terre, qui eſt preſque toujours noire (20), eſt celle où les nourritures végétales ſe trouvent en plus grande abondance. Toutes les terres ne ſont bonnes ou mauvaiſes, graſſes ou maigres, qu'à proportion qu'elles contiennent plus on moins de celle-ci. Cette terre quand elle eſt fraîchement fouie & un peu moite, a une odeur aſſez agréable ; elle la perd quand elle eſt

(20) Je conviens que l'on trouve dans certains endroits une terre noire de mauvaiſe qualité, mais il eſt d'autant plus aiſé de la diſtinguer qu'elle n'a aucune des propriétés de celle dont je parle dans cet article.

trop féche ou trop humide. On fent cette odeur dans la campagne furtout après des pluies douces, précédées de quelque féchereffe. Elle eft probablement due aux huiles & aux fels volatils qui s'élèvent en plus grande quantité lorfque la fermentation naturelle de la terre eft augmentée par une humidité ou par une moiteur convenable. Une qualité de cette terre eft de s'émier aifément quand on la fouit ou qu'on la béche, en quoi elle diffère extrêmement de la terre argileufe, de la fabloneufe, &c. La première ne s'émie pas, la feconde tombe en pouffière, comme le fable pur, la terre noire au contraire fe partage en petites mottes, & fes parties ont une tendence naturelle à fe défunir & à fe féparer les unes des autres : on obferve même que quand on l'a fouie & laiſſée à l'air, les foſſes d'où on l'a tirée ne ſuffiſent pas pour tout contenir. On attribue cet effet à la fermentation & à la putréfaction que l'air & la quantité d'huile que cette terre renferme y occaſionnent, puiſque ſans air il ne ſauroit y avoir de mouvement interne, ni ſans huile, diſent quelques Chymiſtes, de putréfaction. C'eſt à cette huile qu'il faut encore attribuer la couleur noire que prennent toutes les ſubſtances animales ou végétales quand elles ſe putréfient. Une autre propriété de cette ſorte de terre, c'eſt qu'elle admet l'eau aiſément, qu'elle ſe gonfle comme une éponge quand elle a été humectée, & qu'elle ſe contracte quand elle eſt ſéche. Si on la jette au feu elle ne ſe change pas en verre, ni en chaux ; ſi on la jette dans l'eau après l'avoir cuite, elle ſe diviſe au fond du vaſe ; quand on en met dans du vinaigre de vin, elle bouillone ordinairement & forme une écume.

Je connois de cette bonne terre noire qui n'a jamais beſoin d'Engrais ; on y ſème une année du froment, l'année d'après du chanvre, & entre les deux récoltes elle produit un fourage qu'on fait manger en verd ; mais comme il eſt très-rare de poſſéder du terrein de cette nature, qui ne ſe trouve guère que dans des vallées ou au bord de certaines rivières ou ruiſſeaux qui lui conſervent par leurs inondations ſa vertu productive en la couvrant d'une vaſe graſſe ou d'un limon doux, il eſt bon de donner des moyens de rendre meilleure cette terre, quand elle n'a pas en elle-même ce degré de bonté ou de fertilité dont je viens de parler.

Elle eſt particulièrement propre au froment, au chanvre, au lin, &c. Si on veut l'enſemencer en froment, après lui avoir donné trois labours dans les ſaiſons propres à cette opération, il s'agit alors d'y tranſporter du fumier de bêtes à corne, mêlé ſi l'on veut, avec du fumier de cheval & de cochon, ou tel autre approchant de la qualité de ceux-ci (22), ſix charretées au moins,

(22) Au reſte on ne doit pas s'attendre que je faſſe mention exactement en parlant de chaque eſpèce de terre, & des productions auxquelles elle eſt propre, de tous les Engrais qui peuvent lui convenir, & dont j'ai fait connoître la nature & la qualité dans ma première partie. Ce ſeroit groſſir ce Mémoire mal-à-propos, & juger peu favorablement de

du poids de dix quintaux chacune; ou d'un millier, poids de marc & huit charretées au plus (car le trop d'Engrais est presque aussi nuisible que seroit peu avantageuse une trop petite quantité) suffisent par sétérée de terrein, j'entends par sétérée vingt mille pieds carrés de superficie.

Si le fumier est porté dans les champs à mesure qu'on le tire de l'étable, il faut le mettre par tas, & le laisser tout au plus dans cet état une quinzaine de jours, pour

l'intelligence de mes Lecteurs; il n'est point de Cultivateur, quelque borné qu'on le suppose, qui ne sache que tous les terreins en général sont froids ou chauds, trop compactes ou trop poreux. En partant de ce principe, ils appliqueront aisément à leurs terres, les Engrais qu'ils jugeront avoir quelque analogie ensemble, & dont je n'entends point leur interdire l'usage, quoique je n'en aye pas fait moi-même l'application, pour les raisons que je viens d'indiquer.

donner le tems aux graines qui sont dans le fumier de germer. Le dernier labour qu'on donne avant les semences fait périr les herbes qui sont nées ; mais si l'Engrais en question est tiré d'une fosse où il a acquis le degré de putréfaction convenable, & je conseille de se servir de celui-ci par préférence, il faut se contenter de le répandre deux ou trois jours avant le labour qui précède la semaison.

Enfin si les terres en question sont en plaine, comme elles le sont presque toujours, le fumier le plus pourri est le meilleur ; si elles sont en pente, le fumier tel qu'on le tire de l'étable doit être préféré, parce que la paille qui se trouve parmi, sans être à moitié pourrie, sert à soutenir le terrein. Cette observation doit avoir lieu pour toutes les qualités des terres, ainſi je ne la répéterai point ailleurs.

Si la terre dont nous parlons dans cette article doit être enſemencée en chanvre, trois ou quatre charretées de fumier ſuffiront par ſétérée, ſi on y ajoute environ un ou deux quintaux de fiente de pigeon, pourvu que l'on ait ſoin de ne répandre cet admirable Engrais que dans le moment de la ſemaiſon, ou encore mieux, au commencement de la première pluie qui ſuit immédiatement la ſemaiſon.

Quand la terre noire ou toute autre eſpèce de terre eſt trop humide, outre les rigoles qu'on peut y ménager pour la tenir dans l'état de fraîcheur convenable, on peut y répandre quelques charretées

tées de marne ou de craie; & quand elle est située dans un climat froid, la fiente de brebis lui est très salutaire; il faut alors mêlanger par moitié cet Engrais avec celui de cheval, & s'abstenir d'y mettre du fumier de vache.

CHAPITRE II.

De la terre argileuſe ou glaiſeuſe, qu'on nomme communément terre-forte.

En général argile ou glaiſe ſont deux termes ſynonymes dans notre langue. Les Naturaliſtes cependant diſtinguent ordinairement une eſpèce d'argile de toutes les autres, & lui donnent la dénomination particulière de glaiſe ou d'argile fine. J'en parlerai dans cet article, où après avoir fait connoître la nature de la terre argileuſe en général, je diſtinguerai ſes différentes eſpèces.

La terre argileuſe eſt tenace, compacte, lourde, ſes parties ſont extrêmement liées les unes aux autres ; elles ne ſont point friables ou faciles à mettre en poudre. Cette terre eſt graſſe au toucher, détrempée dans l'eau elle devient glutineuſe ou gluante ; mais dès qu'elle eſt ſéchée, elle ſe durcit ſi fort, qu'on a beaucoup de peine à la travailler: Elle s'étend & ſe gonfle dans l'eau, mais beaucoup moins que la bonne terre noire ou terre végétale avec laquelle elle eſt preſque toujours un peu mêlangée. A proportion de la quantité d'argile qu'une terre contient, elle réſiſte à l'eau & l'empêche de ſe filtrer à travers ſes pores. Elle tient les plantes dans une humidité continuelle, elle eſt difficilement échauffée par les rayons du ſoleil, par conſéquent elle eſt regardée avec raiſon comme naturellement froide. Si elle a été labourée après des pluies, elle se durcit facilement s'il survient une grande chaleur; dans cet état, elle empêche les racines des plantes de s'ouvrir un passage & de s'étendre. Cette qualité de l'argile vient de la forte adhérence de ses parties, dont sa grande ductilité est encore une preuve.

La fertilité des sols argileux diffère en proportion de la quantité de terre végétale qui entre dans leur composition, c'est mal-à-propos qu'on les a cru dépouillés de toute substance vivifiante. On peut dire au contraire que l'argile pure, s'il y en a, est susceptible d'amélioration. J'ai dit, *s'il y en a*, car dans toute terre il se trouve toujours un peu de sable & plus ou moins de terre végétale.

L'argile en général s'améliore avec

du sable, il est impossible de fixer précisément les quantités de sable & des autres Engrais qu'on doit allier avec elle, cela dépend de la nature des espèces d'argile où les racines des plantes ont plus ou moins de peine à pénétrer, & de la nature même des Engrais ; mais il faut avoir attention de n'employer du sable que jusqu'à ce qu'on s'apperçoive que les espèces d'argile auxquelles il convient plus particulièrement sont suffisamment ameublies, c'est-à-dire, qu'elles sont devenues très-divisées & presque réduites en poussière.

Au défaut de sable, la marne, quoique bien des gens ne l'adoptent point pour ces sortes de terres, y est d'un grand secours ; on peut s'en convaincre par l'expérience suivante.

Qu'on mette une partie égale d'argile avec de la marne, qu'on les paitrisse bien ensemble, qu'on les fasse ensuite sécher, cette composition étant mise dans un vase plein d'eau, tombe au fond peu-à-peu en poudre, au lieu que si on n'y met que de l'argile toute pure, l'argile reste dans l'eau sans se diviser. La marne a donc la vertu, ainsi que je l'ai dit dans la premiere partie de cet Ouvrage, d'atténuer, d'affoiblir ou de diminuer la force de l'argile, & de la rendre meuble.

D'ailleurs les terres argileuses devenant plus sèches, quand elles ont été marnées, sont moins sujettes à la gelée que quand elles ne l'ont pas été, parce que l'eau s'en échappe plus vîte (22).

(22) On a même observé que toutes les ter-

Comme l'argile, qui ne contient que très-peu de parties putrescentes, est de toutes les terres celle dont les molécules ont le plus d'adhérance, on ne doit pas être surpris qu'outre les marnes, & principalement les plus douces, les coquilles, surtout quand elles commencent à se pourrir, n'ameublissent considérablement cette sorte de terre. La craie lui est aussi très-propre, toutes ces substances la rendent spongieuse, légère & friable.

Mais pour tirer un prompt succès de la marne dans ce terrein, il faut la conduire dans les champs où on aura recueilli de l'avoine, des féves

res argileuses, quand on y a répandu suffisamment de la marne, se sèchent douze ou quatorze jours plutôt qu'elles ne faisoient auparavant.

de marais, du blé ſarrazin ou blé noir, &c. & la répandre tout de ſuite également. Le froid pendant l'hyver la pénètre, la perfectionne & la mûrit pour ainſi dire; différens labours, car on ne ſauroit trop les multiplier dans cette eſpèce de ſol, l'incorporent à la terre, la première récolte s'en reſſent, & on n'y voit plus paroître l'oſeille & différentes herbes qui annoncent la ſtérilité.

Il faut encore, s'il eſt poſſible, aider la marne de fumiers, mais il en faut beaucoup moins que ſi on n'avoit pas employé de la marne ou des coquilles. Je déterminerai en parlant de chaque eſpèce principale de terre argileuſe quel eſt le fumier qui lui convient le mieux, & la quantité qu'on doit en mettre par sétérée, quand on ne se servira point des moyens d'amender que je viens d'indiquer, & de ceux dont je vais parler encore.

Lorsqu'on trouvera de la bonne terre noire à sa disposition, on ne doit pas hésiter d'en employer à l'amélioration de l'argile, soit en l'employant pure, soit en la mêlant avec d'autres Engrais.

Au défaut de sable, de marne, de coquilles, de craie & de la bonne terre (car on peut manquer souvent de tout cela dans certains cantons) on peut se servir de la chaux (23), cet Engrais ameublit

(23) Il n'est pas possible de fixer en quelle quantité elle doit être employée. Cela dépend de deux observations qui varient à l'infini, l'une sur la nature de la terre à laquelle on veut l'appliquer, l'autre sur la qualité de la chaux qu'on employe. La chaux, comme je l'ai déjà

considérablement l'argile, on supplée à la chaux par les cendres (24).

dit, en parlant de sa nature, est plus ou moins forte, plus ou moins active, selon l'espèce de matières qu'on a calcinées : il est donc nécessaire d'en employer tantôt plus, tantôt moins, ce qui n'a pas empêché Mortimer d'en prescrire cent cinquante boisseaux, mesure d'Angleterre par âcre de terrein sur les sols les plus stériles. L'acre en Angleterre est de quarante-trois mille cinq cent soixante pieds carrés ; & le boisseau, de la même nation, dit le Gentilhomme Cultivateur, tom. 6 de l'édition in-4.° équivaut à quatre boisseaux mesure de Paris. Celui-ci doit avoir huit pouces deux lignes & demi de hauteur, & dix pouces de diamètre.

(24) Il suffit de répandre une charretée de cendres de bois par setérée, deux quand on se sert de celles de charbon de terre, & trois quand ce sont des cendres de tourbe. La quantité dont je parle n'est point prescrite à la rigueur. Heureux ceux qui pourront l'augmenter, leurs terres s'en trouveront beaucoup mieux; mais l'on doit observer que l'usage le plus efficace qu'on puisse faire des cendres, est de les répandre avec la main au commencement du printemps sur les terres où il y a du froment.

Les ſuies (25) & les fumiers, toutes ces ſubſtances peuvent s'appliquer enſemble. C'eſt à l'intelligence des Cultivateurs à en fixer les quantités, non-ſeulement ſuivant la nature de l'argile qu'on veut engraiſſer, & ſuivant la nature de l'Engrais lui même, mais encore pròportionnément à l'expoſition des terres argileuſes. Celles qui ſont expoſées au nord en exigent toujours une quantité plus conſidérable que celles qui ſont expoſées au midi, parce qu'elles

(25) Mortimer aſſure qu'avec dix-huit boiſſeaux de bonne ſuie, meſure d'Angleterre, on engraiſſe un acre de terrein, où il faudroit au moins dix-huit fortes charretées de fumier. La ſuie de charbon de terre convient mieux aux ſols gras, argileux & crayeux, & celles de bois & de tourbe aux terres légères, graveleuſes & ſabloneuſes. On en met vingt boiſſeaux par acre en Angleterre.

ſont plus humides & plus froides ; *& vice verſa.*

Si on veut défricher une terre argileuſe, il faut recourir à l'incinération dont la méthode eſt plus analogue à cette eſpèce de terre qu'à tout autre. L'expérience que plusieurs particuliers en ont faite récemment dans le Condomois & ailleurs, prouvent cette vérité.

C'eſt vers la Saint-Jean que doit ſe faire cette opération, parce que c'eſt alors que les herbes ſont prêtes à mourir ; mais comme ce moyen n'eſt pas toujours ſuffiſant, on y fait tranſporter des Engrais dont j'ai parlé, diſtincts ou mêlangés, on les place par monceaux ou par tas dans des diſtances convenables. Peu de tems après, ſi ce ſont des marnes, des fumiers, de la craie, ou de la chaux dont on se sera servi, on les fera répandre avec des pelles, le plus également qu'il sera possible; mais si ce sont des cendres, des suies, des décombres ou du sable, on les semera de la même manière qu'on répand les semences des grains, on fait ensuite labourer la terre, ainsi couverte de ces substances jusqu'à la profondeur à laquelle on peut enfoncer le soc de la charrue, on ouvre cette terre en croix, c'est à-dire, de façon que les sillons se croisent (26), cela fait, on herse la terre labourée.

On recommence le même travail

(26) Si le terrein est en pente un peu trop droite, il faut former les sillons transversalement ou obliquement, & non pas de l'endroit élevé en bas ou du bas en haut, la raison en est sensible.

une ſeconde fois, en obſervant de n'enfoncer la charrue qu'aux deux tiers de profondeur qu'on aura placé le ſoc dans le premier labour.

Il eſt certain qu'en agiſſant ainſi, les Engrais ſe trouvent placés & diviſés preſque dans tous les pores de la terre argileuſe. S'il arrivoit qu'elle fut encore tenace & peu meuble, on répand encore une troiſieme fois (27) les Engrais dont je viens de parler, & l'on donne un troiſieme labour. Il faut choiſir pour tous ces labours un tems entre l'humide

(27) On dira peut-être que les préceptes que je viens de donner & ceux que je donnerai encore ſont impraticables, attendu les frais conſidérables qu'ils exigent. Je réponds à cela que la reproduction ne peut être que relative aux avances des Cultivateurs, & que c'eſt parce que ceux-ci ne ſont pas en état de faire ces avances néceſſaires, que les récoltes ſont ordinairement très-médiocres.

& le ſec. S'ils étoient exécutés par un tems pluvieux, les beſtiaux paitriroient trop la terre, ſurtout ſi c'étoit de l'argile fine ou glaiſe, qui eſt plus ſuſceptible d'humidité.

On diſtingue les différentes eſpèces d'argiles par leurs couleurs différentes. Il y en a de rouges, de jaunes, de noirâtres, de blanches ou griſes, de bleues foncées, de bleues pâles & de pluſieurs autres couleurs, telles que les verdâtres, les brunes, les veinées ou mêlées de diverſes couleurs diſtinctes. Il ſuffira d'entrer dans le détail des ſix premières eſpèces, les autres ſe rapprochant aſſez de leur nature, & ayant à peu de choſe près les mêmes vertus ou propriétés pour la production des végétaux.

ARGILE ROUGE.

L'argile rouge eſt propre aux fèves de marais, aux pois, aux navets, au treffle, à la luzerne, au ſainfoin, à l'orge, à l'avoine, enfin aux pâturages de toute eſpèce, au blé de Turquie ou blé d'Eſpagne, au blé Sarraſin ou blé noir, & ſurtout au froment. Les arbres à racines profondes ou pivotantes tels que le chêne, &c. y réuſſiſſent très-bien. Si elle n'a pas l'avantage d'être favorable à toute ſorte d'arbres, elle a du moins celui de ſubſtanter un arbre quelconque (le châtaigner excepté) qui y a dabord pris racine, au lieu que ſur tous les autres terreins, certains arbres paroiſſent d'abord d'une belle venue, promettent beaucoup & meurent enſuite. Si la pouſſe

pouſſe ſe fait plus lentement dans ce ſol que dans les autres plus déliés & plus fins, il fournit du moins un bois pour la charpente plus ferme, plus ſain; & parconſéqnent préférable. Un autre avantage attaché à la terre argileuſe rouge, c'eſt que les arbres y portent moins de préjudice aux terreins qui les environnent, & que les ſemences y pouſſent aſſez vigoureuſement. Les arbres au contraire dont les racines s'étendent horiſontalement le long de la ſurface du ſol, en pompent & abſorbent tous les ſucs, & affament toutes les plantes voiſines, au lieu que dans le ſol dont je parle, ils tirent leur principale nourriture du fond du ſol, & par-là nuiſent beaucoup moins aux plantes qui vivent de la ſuperficie.

Quoique toute ſorte d'Engrais ſoit propre à l'argile rouge, pourvu que les labours par leſquels on les incorpore à cette terre ſoient fréquens, car ſans cette attention, la dépenſe des Engrais ſeroit en pure perte, les fumiers de pigeon & de mouton lui ſont plus analogues ; il en faut au moins ſept à huit charretées par ſétérée quand elle doit être enſemencée en froment. Si on ſe ſert de cornes ou de coquilles, quatre ou cinq quintaux ſuffiſent pour le même eſpace de terrein (28) ; dans les pays froids, la chaux y eſt d'une plus grande efficacité que le fumier ordinaire ; & dans les pays méridionaux on doit préférer l'uſage des cendres & des ſuies. Le fumier de

(28) Mortimer dit qu'on en met en Angleterre trente boiſſeaux par acre.

cheval mêlé avec des ſables, des graviers, &c. devient encore un Engrais infaillible pour cette eſpéce de terre quand elle eſt humide & froide. Il convient même d'y répandre alors une certaine quantité de ſel (29) en même tems qu'on y ſeme le blé. On ne peut fixer les quantités néceſſaires de ces ſubſtances par ſétérée, cela varie ſuivant le plus ou le moins de fertilité de cette

(29) Si on n'employoit que le ſel marin pour fertiliſer un ſol, il en faudroit deux cens dix-ſept livres un huitième par ſetérée, ſuivant MM. de la ſociété royale de Bretagne, qui en preſcrivent cinq cents livres pour un journal de cette province, qui contient douze cents quatre-vingt toiſes carrées, & Mortimer rapporte que trois boiſſeaux de ſel, meſure d'Angleterre, ſuffiſent au commencement par acre pour les terres les plus ſtériles, & qu'il ſeroit dangereux dans la ſuite d'en mettre plus d'un. La diverſité de ces opinions ne peut être guère conciliée que par la différence des climats.

ſorte de ſol, mais il eſt bon d'avertir que quand on employe la ſuie ſur cette terre deſtinée à un pâturage, il en faut un tiers de plus que quand on y doit ſemer du blé. Elle devient alors très-fournie, d'une herbe fine & ſavoureuſe, il faut dans ce cas donner la préférence à la ſuie de charbon de terre, parce que ce ſol n'étant pas labouré, ſes molécules ne peuvent point agir auſſi puiſſamment ſur les mottes de la ſuie de bois, qui eſt avant que de ſe rompre très-long-tems expoſée à l'air ; quelques pluies légères ſuffiſent au contraire pour incorporer au ſol la ſuie de charbon de terre ſi diviſée & pénétrant ſi promptement, que quelques jours après qu'il a plu, on n'en apperçoit point ſur la ſurface.

ARGILE JAUNE.

L'argile jaune ou jaunâtre eſt la plus commune dans tous les pays, & dans certains elle eſt auſſi fertile que la rouge. Tout ce que j'ai dit des labours & des Engrais propres à celle-ci, peut s'appliquer à l'argile jaune. Quoique le ſable y ſoit d'un très-bon uſage, la marne lui eſt plus particulièrement favorable ; on doit l'y employer par préférence à la chaux, parce que ce ſol eſt d'une tenacité preſque invincible dans des tems humides, & d'une dureté qui approche preſque de celle du caillou dans un tems ſec, il eſt parconſéquent très-difficile à ameublir. On y parvient néanmoins en y introduiſant des Engrais propres à le rompre & en l'expoſant ſouvent par la charrue au grand air & au ſoleil qui le calcinent enfin au point de le rendre friable. Ainſi préparé, il eſt excellent pour le froment, pour le ſeigle, & pour d'autres productions telles que l'avoine, l'orge, &c. Le foin même qui vient dans cette eſpèce de terre, quand elle eſt élevée & sèche, eſt le foin le plus fin & le plus délicat que puiſſe produire un terrein quelconque.

L'argile jaune eſt auſſi peu favorable aux vergers qu'aux forêts. La mouſſe y ronge les arbres, & ſurtout les arbres fruitiers. Ce ſol, ainſi que tous ceux qui ſont ſablonneux & maigres, eſt très-propre aux pépinières, parce que les arbres tranſplantés d'un bon ſol dans un mauvais n'y réuſſiſſent pas, &

qu'aucontraire ils grossissent à vue d'œil pour ainsi dire, lorsqu'on les porte d'un terrein foible dans un autre qui a plus de vigueur.

Au reste, si on se sert de la marne pour engraisser l'argile jaune, il faut bien discerner la qualité de celle qu'on doit y jetter: celle qui tient de la terre glaise, ou qui est ferme & pesante, loin d'y produire un bon effet, ne fait au contraire qu'en augmenter la ténacité. Il y a une espèce de marne grise & légère que la plus petite pluie réduit en poudre, & dont on doit faire préférablement usage dans ce terrein, qui engraissé de la sorte, s'en ressent pendant huit ou neuf ans, pourvu qu'on le laboure souvent & aussi profondément qu'il est possible, & qu'on le mette en sillons dirigés de l'eſt à l'oueſt, afin que le ſoleil puiſſe mieux le frapper. Au défaut de cette bonne marne, on employe la chaux; elle ne produit pas ſi promptement ſon effet, mais on eſt dédommagé dans la ſuite de ce retardement, ſurtout ſi on a eu ſoin de la mêler avec un Engrais plus léger, comme les plantes fanées, les feuilles d'arbres, la ſciure de bois, la chenevote, les balayûres des rues & des maiſons, les bales des grains, &c. Le ſable, & principalement celui de la mer, ſi l'on en eſt voiſin, eſt auſſi d'un grand ſecours pour améliorer l'argile jaune. Les cendres agiſſent auſſi ſur ce ſol de deux façons, comme ſable en l'ouvrant, & comme ſel en l'échauffant. La ſuie & l'incinération ſont encore des moyens auſſi propres à fertiliser l'argile jaune que la rouge.

ARGILE NOIRE OU NOIRÂTRE.

La terre argileuse noire ou noirâtre est celle qui contient une assez grande quantité de terre molle végétale; elle contient aussi du sable quelquefois plus & quelquefois moins. L'argile qui entre dans sa composition n'est donc pas si ténace que la rouge & la jaune, ni si humide pour l'ordinaire que la blanche. Il n'est point de terrain qui varie plus que celui-ci dans les différentes provinces, aussi lui donne-t-on différens noms. Il est très favorable aux grains de toute espèce, aux pâturages tant naturels qu'artificiels, au lin, au chanvre quelquefois, & à plusieurs sortes d'arbres, lorſqu'il eſt mêlé de petites pierres ; parcequ'alors ne retenant point l'eau, les racines des jeunes arbres n'y ſont point noyées ni tranſies par le froid. Il eſt certain que ce ſol, qu'il eſt rare de trouver hors des bas-fonds, n'a pas beſoin d'autant de labourage que l'argile rouge ou jaune, mais il en exige plus que la blanche. Il faut obſerver d'y faciliter aux eaux les moyens de s'écouler, parce qu'une trop grande humidité lui ſeroit défavorable. La chaux & les autres Engrais provenans du regne minéral, & indiqués pour les autres terres argileuſes, lui conviennent rarement. Ils l'épuiſeroient trop vîte ; ſi on veut l'enſemencer en grains, la fiente de pigeon y produit des effets merveilleux. Il faut la répandre avec la main sur le champ semé, les pluies la lavent & l'insinuent jusques dans le cœur du sol, qui par-là donne des récoltes surprenantes. La fiente de volaille, ainsi que tous les autres Engrais riches & moelleux dont il est fait mention dans les deux premiers Chapitres de la première partie de ce Mémoire, répandus de la même façon que la fiente de pigeon, lui donnent aussi une grande fertilité.

Il en est de même de l'algue ou autres plantes marines, qu'on peut y répandre, ainsi que dans les autres terres argileuses, sans aucune préparation, dès qu'on l'a tirée de la mer. Par cette méthode elle conserve sa vertu pendant trois ans: mais si les Cultivateurs par une avidité mal entendue mettent l'algue en tas & la couvrent pour accélérer ſa putréfaction avant que de la répandre ſur le ſol, ils lui donnent à la vérité une vie étonnante, mais ils l'épuiſent par la première récolte, & il ne rend preſque rien la ſeconde ou la troiſieme année, d'ailleurs on s'expoſe au verſement des plantes, qui recevant trop de nourriture, pouſſent leur tige à une hauteur, qui n'eſt pas proportionnée à leur groſſeur, ce qui les empêche de réſiſter aux impulſions des ouragans & au poids des grandes pluies.

Deſtine t-on ce ſol pour des prés ou des pâturages, le meilleur Engrais qu'on puiſſe lui donner alors ſelon quelques-uns, eſt du fumier extrêmement pourri, répandu en hiver auſſi également qu'il eſt poſſible, & par un tems pluvieux, afin que la pluie puiſſe en inſinuer les ſels juſques aux racines des herbes, avant que le ſoleil ne les évapore. Je n'attaque point la bonté de cette pratique, mais je donne pour certaine celle d'employer ſur les prairies le fumier qui ſe forme au bas des meules de foin, à cauſe du terreau, de la graiſſe & des graines qui s'y trouvent, ce qui rend le foin plus touffu. Il faut donc prendre garde qu'il n'y ait point de graine de foin dans le fumier deſtiné pour les terres labourables, ce qui y produiroit des herbes difficiles à détruire.

ARGILE BLANCHE OU GRISE.

L'argile blanche & griſe, la ſeule qu'on doive appeller proprement *glaise* ou *terre glaiseuse*, eſt la plus pure de toutes les argiles. Elle conſerve ſa couleur dans le feu & ſe durcit enſuite au point qu'elle éteincelle étant froide, lorſqu'on la frappe avec de l'acier. C'eſt de toutes les argiles la plus humide, auſſi s'améliore-t-elle facilement avec du ſable & de la marne qui la deſsèche & la diviſe promptement.

Il y a une autre eſpèce d'argile blanche, moins humide que la première, plus tendre & plus friable. Elle ſe rompt en tombant de la charrue & lui cède fort aiſément. Les fréquens labourages ne lui ſont pas néceſſaires comme aux autres argiles. Elle exige des fumiers gras, tels que celui de vache, &c. Cinquante livres de ſuie, poids de marc, y produiſent par ſétérée autant &

même plus d'effet qu'une charretée d'Engrais ordinaire. Si la ſuie eſt mêlée avec beaucoup de cendres, comme il arrive quelquefois, on doit en augmenter la quantité. La ſaiſon la plus favorable de la répandre ſur les terreins eſt la dernière quinzaine de Février.

L'uſage de parquer réuſſit aſſez bien dans cette ſeconde eſpèce d'argile blanche, quoique l'Engrais ſe trouve étendu de lui-même après ce parcage, on doit labourer tout de ſuite, ſi le tems le comporte.

La glaiſe blanche paroît dabord un terrein aſſez indifférent par ſa nature; mais cultivé trés-ſoigneuſement, il ne le cède guère à aucun autre: il eſt vrai auſſi qu'il ne peut ſervir qu'au labourage, les pâturages y réussissent aussi peu que les arbres.

ARGILE BLEU-FONCÉ.

L'argile d'un bleu foncé a pour l'ordinaire ses particules si grossières & si pesantes, que si on en jette dans l'eau, elle se précipite entièrement au fond, mais aussi elle est composée quelquefois de parties plus déliées, alors elle est d'un bleu fin, se mêle aisément avec l'eau, ne s'y précipite point entièrement, & y reste même souvent suspendue à cause de sa légèreté ou de sa graisse, sans s'y dissoudre.

Il faut beaucoup moins de sable & autres Engrais dans cette argile que dans la blanche ou grise qui en a plus de besoin, parce qu'elle est humide. Quand on a de la bonne terre à sa disposition, il ne faut pas hésiter d'en employer à l'amélioration de l'argile bleue, qui par ce mêlange devient propre à la culture du blé.

ARGILE BLEU-PÂLE.

L'argile d'un bleu-pâle devient grise étant sèche & rougeâtre étant cuite au feu. Elle se vitrifie facilement ; on la laboure & on la bêche sans peine, parce qu'elle est mêlée avec du sable très-fin. Dès que les oreilles de la charrue sont passées, elle retombe en miettes dans les fossés ou sillons. Les Engrais dont j'ai parlé dans cet article lui conviennent, excepté le sable qu'il faut lui supprimer entièrement. Au lieu des trois ou quatre opérations de labour nécessaires pour les autres erres argileuſes, il n'en faut qu'une tout au plus pour celle-ci. On peut même ſe contenter d'y employer par ſétérée le quart ou le tiers des Engrais néceſſaires pour la même contenance de terrain d'une autre eſpèce d'argile : tous les Engrais provenans du règne animal, doivent être préférés, quand on deſtine ce fonds pour le blé. Le ſeigle y réuſſit toujours mieux que le froment.

CHAPITRE III.

De la terre sabloneuse ou sableuse, qu'on appelle communément terre légère.

Le sable pur, qu'on appelle aussi sablon, quand ses grains sont extrêmement fins, n'est pas un corps composé comme celui des autres terres, il est réduit à une seule & simple substance: il est formé de grains plus ou moins gros & colorés, & n'a aucune partie étrangère qui le lie ; il n'a parconséquent aucune fertilité. Ses espèces au contraire se trouvent mêlées avec plus ou moins de terre ou de poussière, different par leurs propriétés, & produisent différentes récoltes.

La première eſpèce de ſable ou plutôt de terre ſablonneuſe, eſt un mêlange de petites pierres plus ou moins fines, mais dont les parties qui les compoſent, qu'on appelle auſſi graviers, ſont groſſières, dures, inégales. Ce ſol ſe trouve communément près des ravins, au bord de la mer, des rivières, des ruiſſeaux, & quelquefois même dans des plaines.

La ſeconde eſpèce de ſable eſt celle qu'on appelle ſable calcaire, parce qu'il ſert à faire le mortier dont on ſe ſert pour bâtir, c'eſt le meilleur pour améliorer les terres pour leſquelles j'ai preſcrit l'uſage du ſable. Ses grains ſont plus ou moins ronds, luiſans, griſâtres, jaunes, noirs ou verdâtres. Lorſqu'il tombe de l'eau ſur ce ſable elle s'y imbibe auſſitôt, & le rend ferme.

La terre ſablonneuſe tire ſon nom de la quantité de ſable qu'elle contient, ſes qualités dépendent donc de celles du ſable ; elle diffère beaucoup de l'argile, en ce qu'elle admet l'eau aiſément ; & de la bonne terre, en ce qu'elle ne la retient pas auſſi facilement, qu'elle ne ſe gonfle pas de même, mais qu'elle devient plus matte quand elle eſt mouillée. Elle ne retient pas l'eau auſſi longtems que les bonnes terres, parce qu'elles ne contient pas, commes elles, de ces ſucs ſavonneux & mucilagineux avec leſquels l'eau ſe combine & s'arrête.

Le défaut des terres ſablonneuſes eſt donc de contenir trop peu de parties nutritives, & de laiſſer échapper l'eau trop aiſément. Voici les amendemens par leſquels on peut corriger ces deux défauts par l'argile, & surtout par la blanche ou grise, comme étant la plus glutineuse, on les aidera à retenir l'eau, mais on ne leur fournira pas assez de sucs nourriciers ; les chiffons de laine, si on pouvoit s'en procurer suffisamment, rempliroient mieux ces deux objets ; ils contiennent, ainsi qu'on l'a déjà vû, une grande quantité de sucs qui servent tout à la fois à nourrir les plantes, & à conserver l'humidité ; par la même raison on doit s'abstenir d'employer à l'amélioration de ces terres, aucune espèce de marne, quoiqu'en disent certains auteurs, leur vertu étant de diviser principalement la terre, & celle dont je parle, loin d'avoir besoin d'être divisée, est dans le cas de devoir être consolidée ; mais le meilleur amendement pour les terres ſablonneuſes auxquelles les fréquens labourages ne peuvent même que nuire, eſt la vraie tourbe (30) : elle eſt pour le moins auſſi impénétrable à l'eau que l'argile ; & comme elle n'eſt guère qu'un composé de végétaux , elle contient plus d'huile qu'aucune autre terre.

On ſe ſert auſſi avec ſuccès dans cette eſpèce de ſol, propre aux jarrouſſes, aux pois & ſurtout au ſeigle, de fumier de bêtes à corne, & principalement de celui de vache, mêlé avec de l'argile ou de la glaiſe ; il en faut dix ou douze charretées par ſétérée.

La chaux de craie & la ſuie de bois ſont les deux principaux En-

(30) J'expliquerai ci-après ce que j'entends par vraie tourbe.

grais de cette forte de fols, quelque ftériles qu'ils foient, ils s'amendent d'une façon étonnante, furtout avec la chaux (31). On peut l'y employer fans mêlange, mais elle y produit des effets plus avantageux quand on la mêle avec d'autres fubftances, & furtout avec du fumier de vache. On met ordinairement deux parties de ce fumier fur une de chaux que l'on prend en fortant du fourneau. On met ce mêlange en tas, on le couvre de terre, on le laiffe ainfi recevoir les rofées & les pluies l'efpace d'environ un an, on le répand enfuite auffi également qu'il eft poffible, on laboure, & fi cela fe peut, par un tems brui-

(31) Il faut en jetter, dit Mortimer, cent cinquante boiffeaux par acre, mefure d'Angleterre, quand elle eft pure & fans mêlange.

neux,

ıx, ou à la rosée du matin si c'est en été, & au contraire si ce labour se donne en hiver ou dans un tems froid. Ce sol par cette méthode reçoit un Engrais qui dure bien plus que la chaux employée toute seule. Veut-on se servir de la chaux pure, on suit la même opération que je viens d'indiquer pour la chaux mêlangée, alors ses effets ne sont pas si considérables, principalement si l'on a employé la pierre à chaux brulée & répandue sans autre façon sur le sol, ce qui convient mieux à la terre, dont je parlerai dans le Chapitre suivant.

Si on employe sur les terres légères ou maigres, l'Engrais fait par un troupeau de brebis, il est très-avantageux de le mêler avec le fumier qu'on retire de l'étable des bœufs.

CHAPITRE IV.

De la terre pierreuse, caillouteuse & graveleuse.

Il n'est point de Cultivateur qui ne connoisse à la seule inspection cette espèce de terre composée de rocailles, de petites pierres à fusil ou autres, de cailloux & de gravier. S'il ne se rencontroit dans ces sols aucun mêlange de terre, ils ne seroient pour ainsi dire d'aucune ressource. Ils sont pour l'ordinaire mêlés avec de la terre ou du sable, ou de l'argile. Ils sont généralement meilleurs ou plus mauvais, suivant que la terre végétale y est plus ou moins abondante.

Il y a des cantons dans toutes les Provinces, ſurtout dans le Languedoc, le Querci, le Limouſin, le Périgord & ailleurs, où le ſol dont je parle, quand il eſt bien adminiſtré, eſt d'une fertilité étonnante. On y voit du froment extrêmement dru ſortir d'une ſuperficie où l'on ne voit que des pierres & des cailloux; il eſt vrai qu'il ſe trouve quelque peu de terre au-deſſous de la ſurface; les pluies y emportent avec elles tout le ſuc des bons Engrais dont on a ſoin d'enrichir le champ dans la ſaiſon convenable, les racines en profitent pendant que les pierres, les cailloux ou le gravier les défendent des grandes chaleurs, en leur conſervant une humidité ſemblable à peu près à celle qu'on trouve ſous une planche étendue ſur la terre, auſſi les grains qui en proviennent ſont ils toujours prétérés à ceux qu'on recueille dans les fonds plus gras.

Cette eſpèce de ſol très-propre aux navets, au millet, aux lentilles, au ſeigle, au froment & aux vignes, pourvu qu'il ne s'y trouve pas beaucoup de terre argileuſe, a peu beſoin de labours, comme la terre ſablonneuſe.

Pour l'enſemencer en blé on l'engraiſſe communément avec la fiente de mouton. On peut la mêler avec celles des bêtes à corne ; dix ou douze charretées ſuffiſent par ſétérée ; mais ſi ce ſol eſt planté en vignes, outre les Engrais ordinaires, on doit y ajouter de tems en tems de la fiente de pigeon (32).

(32) Obſervez cependant qu'en général on

C'eſt principalement ſur un terrein de cette nature, où l'efficacité de la ſuie eſt auſſi très-grande, ſurtout quand il produit de la mouſſe, qu'on peut hardiment faire parquer (33) les bêtes à leine; il en réſulte un avantage de plus que de la ſuie, c'eſt la perfection de la toi-

ne doit porter des Engrais ſur les vignes, que lorſqu'elles paroiſſent languiſſantes, autrement l'Engrais nuiroit à la qualité des vins.

(33) Pour contenir un troupeau de cent brebis, il faut former un parc d'environ trois toiſes de largeur & de douze de longueur. Si l'on recouvre le terrein ou le ſol du parc de deux ou trois pouces de bonne terre, & ſi l'on jette tous les jours ſur la crotte de brebis & ſur leur piſſat un demi pouce ou environ de terre ou de craie pulvériſée, ce parc dans l'eſpace de quarante à quarante-cinq jours, contiendra ſur toue ſon étendue une terre neuve, qui ſe trouvant bien mêlée avec les ordures du troupeau, formera un volume aſſez conſirable d'excellent terreau; l'endroit où le parc aura été établi, ſe trouvera lui-même engraiſſé,

ſon, avantage qu'on ne trouveroit pas ſi on les faiſoit parquer ſur des terres argileuſes, parce qu'en général toutes les argiles ſont ténaces; que le trépignement des moutons ajoute à ce défaut; que l'argile jaune ſurtout eſt une eſpèce d'ocre, qui dans les tems pluvieux s'attache à la toiſon & l'altère beaucoup.

La pierre à chaux brulée & répandue ſans façon ſur les ſols pierreux, caillouteux ou graveleux leur convient très-fort; mais l'Engrais le plus convenable qu'on puiſſe leur donner, quelques maigres qu'ils ſoient, eſt un mêlange de chaux avec la bonne terre noire, ou bien avec la vaſe & le limon. Si on ſe ſert de terre, il faut en mettre quatre parties ſur une de chaux; ſi on employe la vaſe ou le limon, on en met trois ſur une de chaux, mais la vaſe ou le limon ne doivent pas être employés tels qu'ils ſont en ſortant des rivières ou des étangs. La chaux ſe trouveroit éteinte trop ſubtilement par la trop grande humidité de ces matières. Il faut donc les laiſſer pendant un certain tems expoſées à l'air; on peut juger qu'elles ſont aſſez égouttées, quand on apperçoit des crévaſſes à la ſuperficie.

CHAPITRE V.

De la tourbe ou terre marécageuse.

LA tourbe, qu'on appelle aussi terre de marais ou fondrière, se trouve dans des endroits marécageux ou humides : on en distingue deux sortes principales, la tourbe proprement dite, & la tourbe-limon.

VRAIE TOURBE.

La vraie tourbe est composée, comme la tourbe-limon, d'une substance végétale, c'est-à-dire qu'elle est un mêlange de plantes qui ne sont pas consommées ou dénaturées par la putréfaction : elles en sont au contraire presque toujours préservées,

vées, ainſi que les corps d'animaux mis dans cette tourbe. Ces plantes laiſſent appercevoir un aſſemblage de chalumeaux, de filets, &c. entrelaſſés les uns dans les autres. Brûle-t-on cette terre, dont la couleur eſt ou noire ou d'un brun foncé ou pâle, ou rouſſâtre, elle ne fait point de charbon. Quand on la preſſe on en fait ſortir une liqueur qui eſt ordinairement noire, graſſe, & d'une odeur forte.

Il y a encore une autre eſpèce de vraie tourbe, qui reſſemble aſſez à la tourbe-limon, mais qui eſt ſerrée ou ramaſſée & fort peſante. Celle-ci eſt de deux ſortes, la première a une couleur blanche ou violette, elle reſſemble a de l'argile & ne brûle point, elle eſt remplie de coquillages réduits en poudre : on l'appelle aussi terre calcaire ; parce qu'elle peut servir à faire de la chaux ; la seconde est de couleur plus ou moins grise ou grisâtre ; elle se brûle, mais bien difficilement, & elle exhale en brûlant une odeur puante : étant jettée dans du vinaigre, elle y bouillone fort peu.

TOURBE-LIMON.

La Tourbe-limon est composée, comme la vraie tourbe, d'amas de racines & de plantes, mais celles-ci sont détrempées, divisées, réduites en poudre & paroissant pourries. Elles constituent la partie principale de cette terre. Une liqueur glutineuse jaune, acide ou aigre, des substances salines & minérales composent sa partie étrangère. On la divise en deux espèces.

L'une eſt très-ſpongieuſe ou très-poreuſe. On la fait brûler facilement quand elle eſt ſéche, & en ſéchant elle ne ſe durcit point, elle répand quelquefois une odeur puante, & quelquefois elle n'en répand aucune : elle ne s'attache pas communément aux doigts ; on peut la comparer alors à cette terre qu'on trouve dans les creux des vieux ſaules ou de ces têtards de chênes rabougris. L'autre eſpèce eſt celle dont les parties étant très-ſerrées, ne brûle pas ſi facilement que la première, mais qui ſent toujours fort mauvais.

La tourbe en général n'a d'autre propriété que celle de réſiſter très-long-tems à la pourriture : auſſi ne parvient-on que très difficilement à l'ameublir ou à la diviſer. Elle ne peut être fertiliſée que par la deſtruction entière des corps végétaux dont elle n'eſt qu'un amas, à moins qu'on ne juge à propos de la réduire en cendres, qui forment alors un Engrais dont j'ai parlé.

Le ſeul moyen de rendre la terre marécageuſe fertile, eſt donc de réduire les végétaux en pourriture, en la labourant très-fréquemment, & faiſant par-là mourir les plantes. Il faut en même-tems, pour en ſéparer plus promptement les parties, y mêler de la bonne terre & de la chaux. Les diverſes ſortes de marnes, ſurtout celle qu'on appelle coquillaire, ſont auſſi un Engrais très-propre aux terres marécageuſes. Par ces amendemens, elles deviennent capables de produire non-ſeulement des feves & des fourages, mais encore du ſeigle, & quelquefois du froment.

CHAPITRE VI.

De la terre crayeuse

La terre crayeuſe (car je ne parle point ici de la pierre qui porte le nom de craie) a ſes particules les plus déliées, farineuſes & ſéches ; elles s'attachent cependant facilement aux doigts étant mouillées, elles s'étendent dans l'eau & la colorent. Si on met cette terre dans le feu, elle ne s'y vitrifie pas, à moins qu'on n'y ajoûte des ſels.

On diſtingue différentes ſortes de terres crayeuſes, celles qui ſont de couleur blanche ſont tantôt compactes & dures, tantôt friables, mais rarement molles.

Celles qui ſont d'un blanc ſale ou griſes, ſont friables, ou peu compactes, groſſières & inégales ; on les trouve en morceaux détachés les uns des autres ; ils ont la propriété d'être convertis en chaux.

Celles qui ſont d'une couleur rouge foncée ſont ſéches, peu compactes & preſque en pouſſière, elles ont leurs molécules plus ou moins groſſières.

Celles qui ſont un peu brunes, ſont compactes, & un peu fermes, quoique douces & fines au toucher, & fondantes dans la bouche.

Celles qui ſont de couleur verte ſont compactes & deviennent rouges après avoir été cuites au feu.

Enfin il y en a dont les parties ſont extrêmement délayées, & qui par là ſont liquides ou coulantes.

Mettez ces eſpèces de terres dans du vinaigre, elles fermenteront, bouillonneront & écumeront conſidérablement : elles n'attirent l'eau que foiblement; elles ſont en général trop ſéches ; elles ſe durciſſent après de fortes pluies. Quoiqu'elles paroiſſent de nature à pomper les ſubſtances nourricières, elles en ſont néanmoins totalement dépourvues, elles abſorbent le peu qu'elles en reçoivent ; la craie eſt donc un abſorbant. Il n'entre aucunes parties huileuſes dans ſa compoſition ; mais elle les attire puiſſamment. Les Engrais qui lui ſont donc les plus convenables, ſont les corps & les ſubſtances qui contiennent beaucoup d'huile, comme les chiffons de toute eſpèce, les crins & la bourre des animaux, &c. avec cela il faut se servir du fumier de bêtes à cornes : il en faut au moins douze charretées par sétérée quand ce sol est une fois en rapport ; mais est-il question de l'améliorer, il faut alors avoir une attention sérieuse à bien distribuer le fumier, & à ne le répandre dans les champs que dans le tems & avec les précautions convenables.

C'est au mois d'Octobre que doit se faire ce travail. Le fumier étant répandu bien également, on le couvre de terre avec une charrue, & on observe de ne l'enfoncer que de quatre ou cinq pouces. Ce fumier en passant l'hiver dans cette terre crayeuse, y dépose toutes ses bonnes qualités, sans que les sels dont il est impreigné ayent la liberté de s'exhaler dans l'air. Autre observation importante ; la craïe étant naturellement séche & ardente, il est nécessaire que les fumiers avec lesquels on veut la mêler soient bien consommés, pour qu'ils puissent facilement s'amalgamer & s'incorporer avec cette terre avant que le tems des semailles soit arrivé. Les neiges, les eaux de pluie, & les gelées de l'hiver achevent de féconder ce terrein. On lui donne un labour léger au mois de Février suivant, un second au mois de Mars: l'on peut commencer par y semer des pois gris, des vesces, de l'orge ou de l'avoine, ou même de la graine de foin, qui produira un bon fourrage : ce sol devient ensuite favorable au méteil, au seigle & même au froment; il est vrai que s'il survient de la pluie avant que le blé ait pouſſé, ce ſol devient quelquefois ſi dur, qu'il eſt bon de le herſer légèrement.

Il eſt aſſez ordinaire aux Laboureurs de prendre pour du tuf, la craie ſéche ou durcie qu'ils trouvent quelquefois ſous la terre en labourant ; ils craignent de l'entamer parce qu'ils la jugent ſtérile. On ne doit pas craindre d'y enfoncer la charrue, & d'en prendre peu-à-peu, l'air la fertiliſera aiſément, pourvu qu'on y répande de la chaux & du fumier, le meilleur eſt alors celui de brebis ; la ſuie vient après.

On ne peut indiquer précisément les quantités d'Engrais convenables aux améliorations des différentes eſpèces de craies. Celle qui eſt compacte exige plus de ſable & plus de labours que celle qui eſt friable ;

celle qui eſt dure exige encore plus de labours & de ſable que la compacte.

La craie molle, qui eſt à la vérité très-rare, doit être labourée dans un tems ſec, & recevoir les mêmes opérations de labours faits à la craie compacte.

La craie d'un blanc ſale exige les mêmes opérations de culture & les mêmes quantités d'Engrais que la craie friable : on parvient à la diviſer comme il faut par des labours ſucceſſifs ; la terre graveleuſe, les fumiers de vache, les chiffons, les cornes, &c. lui conviennent très-fort pour Engrais.

La craie ſéche exige moins de ſable en général que la craie liquide. Pour la travailler, il faut ſaiſir un tems qui ne ſoit ni humide ni trop ſec, ſans quoi les labours deviendroient non-ſeulement très-pénibles, mais même infructueux. Pendant un tems humide les beſtiaux matelaſſeroient & pétriroient trop cette terre, & la ſécheresse lui nuiroit encore davantage.

La craie de couleur verte ne demande pas autant d'Engrais que la craie ſéche, & la craie liquide exige beaucoup plus d'Engrais huileux que tout autre, & des labours fréquens opérés entre l'humide & le ſec.

CHAPITRE VII.

Du tuf ou de la terre tuffière.

Le vrai tuf ou la terre tuffière, qu'on appelle en certains pays, *Pipan*, *Terre empoisonnée*, ou mauvaise terre, &c. est une terre qui commence à se réduire en pierre, elle est séche & dure, tantôt remplie de veines de couleurs différentes & distinctes, tantôt d'une même couleur, comme jaunâtre, grise, brune, &c. Sa partie principale est du sablon le plus fin; elle ne contient point ou très-peu de bonne terre, ni aucune nourriture pour les végétaux. Elle renferme souvent au contraire un poison qui les fait mourir, ce poiſon vient des parties ferrugineuſes qui entrent dans ſa compoſition. On peut s'en convaincre en faiſant les expériences ſuivantes.

Qu'on mette du tuf dans du vinaigre de vin, il y bouillonnera ſenſiblement, & répandra une odeur de fer ; qu'on le calcine dans un feu violent, on en attirera la plus grande partie avec une pierre d'aimant. Or une tres-petite quantité de fer, diſſout par les acides, ſuffit pour rendre ſtérile une grande quantité de bonne terre. Il n'eſt donc pas ſurprenant que l'eſpèce de terre dont je parle ne puiſſe acquérir de la fertilité auſſi aiſément & auſſi promptement que les autres terres : il faut avouer même qu'elle réſiſte quelquefois à tous les ſoins qu'on ſe donne pour l'améliorer. Si l'on peut y parvenir, ce ne peut être qu'en la dénaturant, pour ainsi dire, tant par les rapports de toutes les espèces de bonnes terres, que par une quantité prodigieuse d'Engrais, & surtout par la marne ou la chaux, ces matières attirent les acides du fer, le rendent du moins en grande partie indissoluble dans l'eau, & l'empêchent par-là de pénétrer dans les vaisseaux des plantes, ce qui les rend jaunâtres & languissantes, ou les fait même périr; mais dès que la terre tuffière a reçu les amandemens dont je viens de parler, elle ne se refuse plus à la production des menus grains, ni même du seigle.

FIN.

TABLE DES MATIERES.

PREMIERE PARTIE.

CHAPITRE I.er

Des Engrais provenans du regne animal.

CHAPITRE II.

Des Engrais provenans du regne végétal.

CHAPITRE III.

Des Engrais provenans du regne minéral.

CHAPITRE IV.

Des Eugrais qui ne proviennent d'aucun des trois regnes.

SECONDE PARTIE.

Fin de la Table des Matières.

APPROBATION.

J'AI lû par ordre de Monseigneur le Vice-Chancelier un Manuscrit intitulé : *Mémoire sur la qualité & l'emploi des Engrais*, par M. DE MASSAC *, de la Société royale d'Agriculture, de la Généralité de Limoges, au bureau de Brive, & de l'Académie des Sciences, Inscriptions & Belles-Lettres de Toulouse, & je n'y ai rien trouvé qui puisse en empêcher l'impression. Fait à Paris le 25 Janvier 1767. ADANSON,

Membre de l'Académie Royale des Sciences, de la Société Royale de Londres, Censeur Royal.

* C'est l'Auteur du *Memoire sur la manière de gouverner les Abeilles dans les nouvelles ruches de bois*, qui se vend à Paris 1 liv. broché, chez Ganeau, Libraire, rue S. Severin. On peut voir un modele en grand de ces Ruches chez M. Dupleix de Bacquencourt, Intendant d'Amiens, rue de la Grange-Bateliere à Paris, & chez M. de Palerne, Trésorier de Monseigneur le Duc d'Orléans, & Secrétaire perpétuel du bureau d'Agriculture de Paris, rue Montmartre près l'égout. On peut s'adresser aussi pour en faire construire de semblables, au sieur le Verre, maitre Menuisier, Cloître de S. Jean de Latran pres l'Eglise. Cet Ouvrier en a déja fait plusieurs sous les yeux de M. de Massac même,

qui, d'après les obſervations qui lui ont été faites par quelques Amateurs des Abeilles, penſe que dans les pays ſurtout où elles ne trouvent pas beaucoup à butiner, il vaut mieux compoſer chaque ruche de trois hauſſes, ne leur donner que ſept à huit pouces de hauteur, & en dedans dix pouces une ligne en carré. On ſera preſque ſûr alors que la hauſſe ſupérieure ſe trouvera pleine chaque année vers la mi-Juillet, & qu'il n'y aura nul inconvénient à l'enlever dans ce tems-là pour la ſubſtituer ſous les deux autres au commencement du printemps ſuivant.

Au reſte ce ſont les différens climats, & le plus ou le moins d'activité du travail des Abeilles, qui doivent déterminer le nombre & la grandeur des hauſſes & le tems de les tailler : on doit bien ſentir qu'il eſt impoſſible de preſcrire de regle générale ſur ces articles.

Nous ajouterons que malgré ce petit inconvénient, on ne peut s'empêcher de donner la ſupériorité ſur toutes les ruches connues à celle de M. de Maſſac ; l'empreſſement avec lequel non-ſeulement pluſieurs provinces de France, mais encore certains pays étrangers nous en demandent des modèles, nous aſſurent de la bonté de la découverte, & ſemble nous promettre pour l'avenir une abondance de cire, qui ne peut manquer d'en faire baiſſer le prix & d'en multiplier l'uſage Quel ſervice M. de Maſſac, toujours occupé du bien public, n'aura-t-il donc pas rendu à ſa patrie !

PRIVILEGE

PRIVILEGE DU ROI.

LOUIS, PAR LA GRACE DE DIEU, ROI DE FRANCE ET DE NAVARRE : A nos amés & féaux Conseillers, les Gens tenans nos Cours de Parlement, Maîtres des Requêtes ordinaires de notre Hôtel, Grand Conseil, Prevôt de Paris, Baillifs, Sénéchaux, leurs Lieutenans Civils, & autres nos Justiciers qu'il appartiendra : SALUT. Notre amé Louis-Etienne GANEAU, Libraire ancien Consul & Syndic de sa Communauté, Nous a fait exposer qu'il désireroit faire imprimer, & donner au Public : *Mémoire sur la qualité & sur l'emploi des engrais par M. DE MASSAC*; s'il Nous plaisoit lui accorder nos Lettres de Permission pour ce nécessaires. A CES CAUSES, voulant favorablement traiter l'Exposant, Nous lui avons permis & permettons par ces Présentes, de faire imprimer ledit Ouvrage autant de fois que bon lui semblera, & de le vendre, & débiter par tout notre Roïaume pendant le tems de trois années consécutives, à compter du jour de la date des Présentes : Faisons défenses à tous Imprimeurs, Libraires & autres personnes de quelque qualité & condition qu'elles soient, d'en introduire d'impression étrangére dans aucun lieu de notre obéïssance, A LA CHARGE que ces présentes seront enregistrées tout au long sur le Registre de la Communauté des Imprimeurs & Libraires de Paris, dans trois mois de la date d'icelles: Que l'impression dudit Ouvrage sera faite dans notre Royaume & non ailleurs, en bon papier, & beaux caractères, que l'impétrant se conformera en tout aux Réglemens de la Librairie; & notamment à celui du 10 Avril 1725; à peine de déchéance de la présente Permission; qu'avant de l'exposer en vente, le Manuscrit qui aura servi de copie à l'impression dudit Ouvrage, sera remis dans le même état où l'Approbation y aura été donnée, ès mains de notre très-cher & féal Chevalier Chancelier de France, le Sieur DE LAMOIGNON, & qu'il en sera ensuite remis deux Exemplaires dans notre Bibliotheque publique, un dans celle de notre Château du Louvre, un dans celle dudit sieur DE LAMOIGNON, & un dans celle de notre très-cher & féal Chevalier, Vice-Chancelier, & Garde des Sceaux de France le Sieur MAUPEOU: le tout à peine de nullité des Présentes: Du contenu desquelles vous MANDONS & enjoignons de faire jouir ledit Exposant & ses ayans-causes, pleinement & paisiblement, sans souffrir qu'il leur soit fait aucun trouble ou empêchement. VOULONS qu'à la copie des Présentes, qui sera imprimée tout au long, au commencement ou à la fin dudit Ouvrage, foi soit ajoutée comme à l'original. COMMANDONS au premier notre Huissier ou Sergent, sur ce requis, de faire, pour l'exécution d'icelles, tous Actes requis & nécessaires, sans demander autre permission, & nonobstant clameur de Haro, Charte Normande, & Lettres à ce contraires. Car tel est notre plaisir. DONNÉ à Paris le dix-huitiéme jour du mois de Février, l'an mil sept cent soixante-sept, & de notre regne le cinquante-deuxiéme. Par le Roi en son Conseil.

LE BEGUE.

Registré, sur le Registre XVII. de la Chambre Royale & Syndicale des Libraires & Imprimeurs de Paris. N°. 1262, folio 179, conformément au Réglement de 1723. A Paris ce 20 Mars 1767.

GANEAU, Syndic.

De l'imprimerie de QUILLAU.

www.ingramcontent.com/pod-product-compliance
Ingram Content Group UK Ltd.
Pitfield, Milton Keynes, MK11 3LW, UK
UKHW020600180726
13838UKWH00001B/353

9 782329 354040